蜂友问答

FENGYOU WENDA

牛庆生　陈东海　编著

中国农业出版社
北　京

内容简介

本书由吉林省养蜂科学研究所专业技术人员编写，重点针对长白山区主要蜜蜂饲养环节、蜜蜂饲养关键技术以及蜜蜂引种和用种等方面内容，选择了273个具有代表性的生产实际问题进行解答。内容涉及蜜蜂生物学、蜂场建立、蜂群基础管理、春季蜂群繁殖、椴树蜂蜜生产、秋季蜂群繁殖、补喂越冬饲料、越冬前和越冬期蜂群管理、引种和用种、人工育王、病虫害防控、蜜源植物和蜜蜂授粉。本书内容来自生产实践，致力于解决蜂场实际问题，适合全国各地养蜂人员、蜂业科技工作者、蜂业管理人员、蜂业爱好者以及棚室、大田农作物种植者阅读。

编 写 人 员

编著：牛庆生　陈东海

参编（按姓氏笔画排序）：

王　志　王　琦　兰凤明　庄明亮

张　发　郝京玉　柏建民　高寿增

前 言

地球上80%的虫媒植物依赖蜜蜂授粉，蜜蜂对保护植物多样性、改善生态环境、维护生态平衡有着不可替代的作用。养蜂业是现代农业的重要组成部分，蜜蜂为农作物授粉，大幅提高作物产量并改善其品质，同时为人们提供蜂蜜、蜂王浆、蜂花粉、蜂胶等天然保健品，在帮助山区农民脱贫致富方面也具有显著的作用。

我国是养蜂大国，但不是养蜂强国，仍然面临蜜蜂饲养技术落后、蜜蜂良种化程度较低及蜜蜂病虫害突出等问题。为了加快我国养蜂业向现代化、规模化和产业化发展，必须解决一线养蜂人员生产实际中遇到的问题，对症下药，有针对性地提高一线养蜂人员的技术能力，实现蜜蜂的良种化、健康饲养，生产绿色有机蜂产品，确保蜂业科学化发展。作者根据多年与一线养蜂人员交流经验，编写了《蜂友问答》一书。

本书共分为十三章，所收录的问题是作者通过良种蜂王推广热线、微信公众平台、养蜂技术培训会、现场养蜂技术指导等方式与各地养蜂人员沟通交流并记录整理，择优挑选出273个重点针对长白山区蜜蜂饲养环节、蜜蜂饲养关键技术以及蜜蜂引种和用种等方面具有代表性的问题进行答复。作者从蜜蜂品种特性、选种方法、育王技术及育王蜂群管理等角度解答蜜蜂育种方面的问题，解答方案均在生产实际中得到了验证，且简单实用，可操作性强，具有来自“蜂场”实际解决“蜂场”问题的特点。

本书作者均来自吉林省养蜂科学研究所，是多年从事一线养蜂生产和科研工作的专业技术人员。其中，牛庆生研究员、陈东海研究员负责文稿的统筹、解答及校订；王志研究员、张发高级技师负责文稿的校订；张发、高寿增、庄明亮、郝京玉、柏建民、兰凤明、王琦都是相关问题的解答者。

由于编写时间仓促及编著者水平有限，书中疏漏、欠妥、错误之处在所难免，敬请读者批评指正。

编著者

2023年3月

目录

一、蜜蜂生物学

1. 什么是蜜蜂生物学？

蜜蜂生物学是研究蜜蜂个体与群体生活规律的科学，主要包括蜜蜂个体的外部形态、内部结构、生理、生殖、发育、生活、生态及群体生活规律。蜜蜂生物学是养蜂的基础理论，只有了解和掌握蜜蜂生物学知识，才能按照蜜蜂的生活规律去饲养管理蜂群，并运用这一规律改进蜂群饲养管理技术，达到提高养蜂经济效益的目的。

2. 工蜂是雌性蜜蜂还是雄性蜜蜂？

工蜂是雌性蜜蜂。

蜜蜂是典型的社会性昆虫，群体由蜂王、工蜂、雄蜂三种类型的蜂组成，任何个体离开群体都无法独自生存。

蜂王是由受精卵发育成的雌性蜜蜂，终生以蜂王浆为食。通常情况下，蜂群中有且只有 1 只蜂王，主要职能是产卵和分泌信息素以维持蜂群的秩序。

工蜂也是由受精卵发育成的雌性蜜蜂，但生殖器官发育不完全。幼虫期前 3 天以蜂王浆为食，之后以花粉和花蜜的混合物为食。通常情况下，蜂群中有数千至数万，甚至数十万只工蜂，主要负责采集、修筑蜂巢、哺育幼虫、抵御敌害等工作。

雄蜂是由未受精卵发育成的雄性蜜蜂，与工蜂一样幼虫期前 3 天以蜂王浆为食，之后以花粉和花蜜的混合物为食。通常情况下，蜂群中有数百乃至数千只雄蜂，属于季节性蜜蜂，主要职能是与性成熟的处女蜂王交尾。

3. 蜜蜂的寿命有多久？

蜂王、工蜂、雄蜂三种类型蜂的寿命各不相同。

蜂王寿命一般3～5年，最长寿命可达9年。蜂王的各方面能力会随时间的延长而逐渐减弱，因此在养蜂生产中1～2年便会更换一次蜂王。

工蜂寿命因季节、劳动强度等不同而不同，一般2～3个月，流蜜期最短只有28天，越冬期最长可达6个月以上。

雄蜂寿命一般3～4个月，最长也可达6个月以上。雄蜂一生只能与处女蜂王交尾1次，如果与处女蜂王交尾，交尾后因生殖器官脱落而立刻死亡。

4. 西方蜜蜂蜂王、工蜂、雄蜂从卵到成蜂出房要多少天？

蜜蜂从卵到羽化出房要历经卵期、未封盖幼虫期、封盖期。西方蜜蜂三型蜂的卵期都是3天；未封盖幼虫期蜂王为5天、工蜂为6天、雄蜂为7天；封盖期蜂王为8天、工蜂为12天、雄蜂为14天。西方蜜蜂蜂王、工蜂、雄蜂从卵到成蜂出房的时间分别是16天、21天和24天。

5. 蜂王信息素有哪些？

蜂王信息素在蜂群中起着重要的作用，主要有上颚腺信息素、背板腺信息素、跗节腺信息素、科氏腺信息素和直肠信息素。

(1) 上颚腺信息素。由蜂王上颚腺分泌，又称蜂王物质。在蜂王信息素中是最主要的一种，对工蜂有高度的吸引力，使蜂群保持稳定和正常的状态，能够抑制工蜂卵巢发育和阻止筑造王台。婚飞时在空中释放，远距离对雄蜂具有很强的吸引力，诱使雄蜂交尾。

（2）背板腺信息素。由蜂王背板腺分泌，作用与蜂王上颚腺信息素基本相同，主要是抑制工蜂卵巢发育和阻止筑造王台。诱发和刺激雄蜂的交尾活动，在空中距离雄蜂30厘米以内，对雄蜂具有强烈的吸引力。

（3）跗节腺信息素。由蜂王跗节腺分泌，主要是抑制工蜂筑造王台。

（4）科氏腺信息素。主要是对工蜂有高度的吸引力。

（5）直肠信息素。是1～14日龄处女王特有的信息素，对工蜂有驱避作用。

6. 工蜂信息素有哪些？

工蜂信息素是工蜂腺体分泌的，主要有：

（1）上颚腺信息素。是工蜂在成为守卫蜂或者从事采蜜工作的时候，上颚腺产生的一种化合物2-庚酮。2-庚酮是工蜂的一种报警信息素，这种信息素的释放会引发连锁反应。当一只工蜂释放这种信息素时，其他工蜂接收到后也会释放，使得区域内的信息素含量急剧增加，引来更多具有攻击性的工蜂。2-庚酮的另一个作用是对采集的标记，如蜜蜂采集完一朵花的时候就会释放这种信息素，让其他工蜂知道这朵花已经被采过，提高蜜蜂的采集效率。

（2）告警信息素。由螯针腔科氏腺分泌，主要成分是乙酸异戊酯，蜇刺时留在“敌体”上，引来更多的蜜蜂蜇刺。

（3）纳氏腺信息素。也就是我们常说的臭腺，其作用一是招引处女蜂王和工蜂回巢；二是分蜂或者逃群的时候招引本群蜜蜂结团；三是招引采集蜂采蜜。

（4）跗节腺信息素。由工蜂跗节腺分泌，其作用是涂在巢门口引导本群蜂找到巢门；也标记在采集地点，加强对其他采集蜂的吸引力。

(5) 采集工蜂信息素。 目前没有明确由哪个腺体分泌，其成分是乙基油酸酯，主要存储于蜜蜂的蜜囊中，其作用是抑制工蜂卵巢发育、刺激蜜蜂采集和维持贮存行为。

7. 工蜂从事的工作是如何分工的？

工蜂是蜂群的主体，在蜂群内主要从事保温、孵卵、清理、饲喂、泌蜡造脾、采集、防卫等工作，担任的工作随着日龄变化而改变。一般情况下，工蜂 1～3 日龄承担保温孵卵、清理产卵房的工作；3～6 日龄承担调剂花粉与蜂蜜，饲喂大幼虫的工作；6～12 日龄承担分泌蜂王浆，饲喂小幼虫和蜂王的工作；12～18 日龄承担泌蜡造脾、清理蜂箱和夯实花粉的工作；18 日龄以上承担采集花蜜、花粉、水、树脂及巢门防卫的工作。

根据蜂群内的实际情况，不同日龄的工蜂所担任的工作会相应调整，如由单一幼蜂组成的蜂群，会有部分工蜂提前开始采集工作。大流蜜期来临时，也会有部分幼龄工蜂提前开始采集工作。

8. 蜜蜂翅膀上的钩子有什么作用？

蜜蜂有 2 对透明膜质状翅膀，分别着生在中胸和后胸背板两侧，称前翅和后翅，前翅大，后翅小。前翅的后缘有向下的卷褶，后翅的前缘有一列特殊的锯齿状结构称为翅钩。飞行时，前翅的卷褶和后翅的翅钩连锁在一起，使蜜蜂在飞行时获得更大的动力。

翅钩是蜜蜂形态测定的一个重要指标。

9. 蜂王、工蜂、雄蜂头上的眼睛为什么不一样？

蜜蜂的眼睛由 1 对复眼和 3 只单眼组成。复眼较大，单眼较小，复眼是由许多小眼挤压在一起组成的。三型蜂复眼的发达程度有一定的差异性：蜂王的复眼有小眼 3 000～4 000 个，工蜂的复眼有小眼 4 000～5 000 个，雄蜂的复眼有小眼约 8 000 个。

复眼所得的影像是由每只小眼得到的影像嵌合而成，对活动的物体有很强的视觉感应。雄蜂需要在空中追逐处女蜂王交尾，所以雄蜂复眼最大、最为发达；工蜂需要从事巢外采集工作和躲避敌害，所以工蜂复眼发达程度次之；蜂王主要是在巢内产卵，所以蜂王复眼最小、最不发达。

10. 蜂巢内的湿度需要保持在多少？

蜂巢内的湿度不如温度稳定，变动幅度较大，与外界空气中的温湿度、蜜粉源、蜂巢内的温度、蜜蜂活动的强度、蜜蜂生理状况以及正在发育个体的数量等均有直接关系。蜂巢内各部位的相对湿度变动幅度为 25%～100%，蜂巢中央相对湿度一般维持在 76%～88%（中华蜜蜂为 80%～90%）。工蜂通过采水来提高巢内湿度，利用扇风加速空气流通以降低巢内湿度。

11. 蜜蜂扇风有什么作用？

扇风是蜜蜂的一种生活习性，这一动作反映蜂群的 4 种需求与目的：

（1）在高温、高湿季节，工蜂会通过扇风来加速空气的流通，去除蜂巢内的湿气，达到降温、除湿的目的。

（2）在大流蜜期酿造花蜜过程中，工蜂通过扇风除去花蜜中的大量水分。

（3）蜂群繁殖阶段需要消耗大量的氧气，工蜂通过扇风加强空气流通，为蜂巢输送新鲜氧气。

（4）在受到敌害侵袭时，工蜂通过扇风加快报警信息素的扩散速度，使其他工蜂快速产生警觉并攻击敌人。

12. 水在蜂群中有什么作用?

蜜蜂生活时刻需要水分，水是蜜蜂生长发育和繁殖不可或缺的物质，在蜂群中发挥着满足其生理代谢需要和调节巢内温湿度的作用。蜂群的需水量很大，在有蜜源的情况下，花蜜中所含的水分就可以满足需要。除此之外所需的水分靠工蜂采集来供给。一只采集蜂每次能采水 25 毫克，每天采水能够达到 50 次。

早春在巢门口给蜂群喂水，可以避免采水蜂冻僵在巢外。越夏期间为蜂群供水，可以减轻工蜂采水负担，延长工蜂寿命。

13. 蜂王依靠什么来统治蜂群?

蜂王是蜂群的核心，蜂王通过一种分泌物质来压制本群其他蜂王的成长，这种物质被称为“蜂王物质”，即蜂王上颚腺信息素。与蜂王接触过的工蜂获得蜂王物质，然后再将它散布到蜂巢的各个角落。工蜂通过这种方式进行信息传递，告诉大家蜂王在巢内，身体健康，不需要培育新的蜂王。一旦蜂王失踪，蜂王物质即消失，蜂群生活秩序被打乱，开始急造王台，失王时间久还会出现工蜂产卵现象。

14. 蜂群在什么状态下能产生新蜂王?

蜂王信息素（蜂王物质）靠工蜂在蜂王体上舐取和工蜂间的食物交换完成传递，使蜂巢内充满蜂王物质，来维持蜂群的安定和正常活动。当蜂王老、弱、残时，释放的蜂王信息素减少，蜂巢内蜂王物质缺乏，工蜂就会筑造王台基培育新蜂王，以接替老蜂王。增长期蜂群繁殖得非常强壮，工蜂数量多，饲料充足，使得每只工蜂得到的蜂王物质相对不足，工蜂就会筑造王台基培育新蜂王，准备分蜂。

当蜂王突然消失，蜂巢内无蜂王物质传递，工蜂出现慌乱、怠工，就会选择3日龄内幼虫工蜂房改造成王台，培育新蜂王来维持蜂群的稳定和繁衍。

15. 蜂王是如何产卵的?

处女蜂王和雄蜂交尾成功后，一般在2～3天开始产卵，卵巢发育且腹部变得膨大。蜂王产卵时，一般都是从蜜蜂密集的巢脾中央开始，然后以螺旋形的顺序向周围扩大，逐渐扩展到左右巢脾。在一张巢脾上，蜂王产卵范围呈椭圆形，养蜂生产中称之为“产卵圈”或简称“卵圈”。中央巢脾的卵圈最大，两侧巢脾依次减小，纵观整个产卵区呈一椭圆球体。

一般情况下，每个巢房产1粒卵，但在巢房缺少的时候，也可能在同一巢房内重复产卵。蜂王在产卵前，会在巢脾上爬行寻找适合产卵的空巢房，用触角和前足探测巢房的尺寸和类型，随后把腹部伸到巢房底部，顺利产下卵。以繁殖盛期的意大利蜂蜂王为例，1天平均可以产卵1 500粒，最高可以达到2 000粒左右。

16. 导致自然分蜂的因素有哪些?

发生自然分蜂的因素主要包括：

（1）蜂群因素。强大的群势是分蜂的基础。发生自然分蜂的根本原因是蜂群内幼虫数量相对少、哺育蜂多，造成蜂群哺育力过剩，大量工蜂无事可做。老蜂王分泌的蜂王物质不足，控制蜂群的能力相对较差，也会促使工蜂产生分蜂情绪。

（2）外界环境因素。主要是蜜粉源条件和气候条件。自然分蜂都发生在蜜粉源较充足的季节，丰富的蜜粉源能为蜜蜂的生存和群势发展提供物质条件，这是蜜蜂群体活动的基础。天气闷热，也容易促成分蜂。

（3）巢内环境因素。蜂巢空间相对狭小拥挤、缺乏造脾余地、巢温过高、通风不良、蜜粉充塞、压缩子圈等，都能加速分蜂的发生。

蜂群哺育力过剩是发生自然分蜂的内因，其他是外因。内因决定是否发生分蜂，外因决定什么时候发生分蜂。

17. 蜂群自然分蜂是如何进行的？

自然分蜂是蜜蜂的本能，是自然界蜜蜂扩大种群分布的一种方式。蜂群的自然分蜂过程一般分为 4 个阶段：

(1) 培育雄蜂。修筑雄蜂房、培育雄蜂，是自然分蜂最早期的预兆。雄蜂从卵到性成熟大约需要 40 天，蜂王从卵到性成熟只需要 20 天，蜂群提前培育雄蜂为分蜂做准备。

(2) 修筑王台。王台是蜂群培育新蜂王的巢房，蜂群中出现自然王台并已产卵，预示着 16 天内将发生自然分蜂。王台中受精卵经 3 天孵化成幼虫，幼虫 5 天后封盖化蛹。一旦王台封盖，蜂群随时都有可能发生自然分蜂。

(3) 分蜂。分蜂开始时少量工蜂在蜂场上空飞绕，随着分蜂时间的临近，飞绕的工蜂越来越多，几分钟后蜂王和大量工蜂涌出蜂巢。工蜂将蜂王拥在中间，临时选择蜂场附近的墙角或树枝上结团。这个时候是养蜂者收捕分蜂团的最佳时期，等到负责侦查的工蜂回来后，就会带领蜂团前往新的住处，分蜂群集体飞走。

(4) 定点筑巢。工蜂在分蜂前就饱食蜂蜜，找到新的“住所”立即分泌蜂蜡造脾，并且守卫工作也已经开始，蜜蜂新的生活将拉开帷幕。

18. 雄蜂飞行的半径大约是多少？

雄蜂飞行速度为每小时 9.2～16.2 千米，每次交尾飞行 25～57 分钟。假设雄蜂是在平原地区直线飞翔，在保证雄蜂能够返回蜂巢的前提下，雄蜂飞行的最小半径为 3.8 千米，最大半径为 7.6 千米。

实际上雄蜂的飞行轨迹不是直线，飞行的区域也并非仅在平原，雄蜂的飞行距离多在3千米之内。

19. 蜜蜂在什么温度环境下会被冻僵？

蜜蜂对低温环境有着较强的适应能力，但是环境温度过低蜜蜂也会被冻僵、冻死。

单一个体蜜蜂对温度的适应性相对较弱。意大利蜜蜂（简称“意蜂”）在温度低于14℃时，逐渐停止飞翔；温度低于13℃时，逐渐呈冻僵状态；温度低于11℃时，翅膀呈僵硬状态；温度低于7℃时，离群个体将被冻死。中华蜜蜂（简称“中蜂”）在温度高于8℃时，仍可出巢飞翔活动；温度低于7℃时，逐渐呈冻僵状态；温度低于4℃时，离群个体将被冻死。

蜜蜂结团后对低温的适应性极强。只要蜂群群势足够强大，且巢内有充足的食物，结团后的蜂群完全能够抵御－40～－20℃的低温。意蜂在气温持续低于14℃时，会在蜂巢中互相靠拢结成球形蜂团，温度越低蜂群结团越紧密，并通过吃蜜和运动来使蜂团中心温度维持在20℃以上。

20. 蜜蜂是如何采蜜酿蜜的？

蜜蜂的采蜜酿蜜工作主要包括寻找蜜源、花蜜采集、加工酿造、封盖贮存等步骤。

(1) 寻找蜜源。蜜蜂采蜜是先从寻找蜜源开始的，由少数“侦察蜂”出去寻找，“侦察蜂”回巢后会分享采回来的花蜜，同时在巢脾上跳“圆圈舞”或“摇摆舞”，用“蜂舞”告诉同伴花蜜在哪个方向和距离多远，得到信息的外勤蜂就大量地飞向蜜源地，开始忙碌的采蜜工作。

(2) 采集花蜜。蜜蜂的口器属于嚼吸式口器，有1对左右对称呈刀斧状的上颚，能咀嚼固体花粉和修筑蜂巢，而下唇延长并和下颚、舌组成细长的小管，中间有一条长槽有助于吸吮，把这条小管伸入花朵中便可吸取蜜汁。

(3) 加工酿造。外勤蜂在采集时，将花蜜中混入含有转化酶的涎液。内勤蜂从采集蜂接受蜜汁后，继续混入涎液反复酿造。同时，蜜蜂加强扇风蒸发水分，促使蜜汁浓缩，使蜜汁的含水量由原来的40%以上降至18%左右，形成高浓度的蜜液，可以抑制各种微生物的生长，并通过腺体分泌转化酶，使蔗糖转化为葡萄糖和果糖，蔗糖的含量降低至5%以下。

(4) 封盖贮存。蜜蜂将稀薄的花蜜酿造成浓稠的蜂蜜，然后封盖贮存，通常需要5～7天。

21. 1只蜜蜂一生能采多少蜂蜜？

蜂群中只有工蜂采集酿造蜂蜜，是一项十分辛苦的工作。意大利蜂工蜂的蜜囊吸满蜜汁时的容量为55～60微升，要采访1 100～1 446朵花才能获得1蜜囊的花蜜。1只蜜蜂1天采集10～20次，每天可采集花蜜0.3～0.75克，经过酿造去除水分变成蜂蜜约0.27克。采蜜期工蜂寿命为28～40天，而能飞出蜂巢采蜜的时间只有20天左右，能采蜜约5.4克。1只蜜蜂一生要消耗蜂蜜2克以上，实际每只蜜蜂一生仅能为人们提供蜂蜜3克左右。

22. 蜜蜂是如何筑巢造脾的？

蜜蜂筑巢造脾的原材料是蜡鳞。蜡鳞是由12～18日龄的工蜂腹部的4对蜡腺分泌的一种脂肪性物质，呈不规则五角形鳞片状，白色透明。筑巢造脾时，工蜂用后足戳取蜡鳞，经前足传送到自己的上颚，由上颚进行咀嚼、揉捻，同时混入上颚腺的分泌液，在巢温的条件下，蜡鳞变成柔软可塑的状态，即可筑巢造脾。

筑巢造脾时，工蜂通常连成长串悬于所造巢脾的下面，或密集在人工巢础上。蜜蜂筑造一个工蜂房需要蜡鳞50片，筑造一个雄蜂房需要蜡鳞120片。

23. 蜜蜂采集蜂胶的用途是什么？

蜂胶是工蜂从树芽或松柏科植物的破伤处采集树脂，并混入上颚腺分泌物质的胶状物。采集蜂胶是西方蜜蜂所具有的特性，不同蜂种的采胶能力有所差异，不同胶源植物、地域、温度直接影响蜂胶的产量。中蜂不采集利用蜂胶。

西方蜜蜂采集蜂胶在蜂群中有多种用途，如堵塞蜂箱、纱盖缝隙，封堵缩小巢门，御寒避敌；加固巢脾与框梁、框梁与蜂箱口的连接处；包裹入侵小动物的尸体，涂抹箱壁、箱底、隔板、巢脾等表面，杀菌消毒；混入蜂蜡中增加巢脾的强度。中蜂因不采集蜂胶，故巢脾相对易脆裂、无韧性。

24. 自然交尾的同一只蜂王其后代工蜂血缘相同吗？

自然交尾蜂王的后代工蜂血缘不完全相同，且血缘关系比较复杂。

自然条件下，婚飞处女王通常与多只雄蜂交尾。这些参与交尾的雄蜂，有的来自同一蜂群，有的来自不同蜂群。交尾后蜂王所产的受精卵，参与受精的精子有的是来自同一只雄蜂，有的是来自不同雄蜂。来自同一蜂群、同一只雄蜂精子产生的后代工蜂为同母同父，是超同胞；来自不同蜂群、不同雄蜂精子产生的后代工蜂为同母异父，是半同胞；来自同一蜂群、不同雄蜂精子产生的后代工蜂为同母异父，是全同胞。

25. 蜂群中的工蜂与雄蜂是同一个“父亲”吗？

同一蜂群中，只有部分工蜂是同父，雄蜂没有“父亲”。

在蜜蜂群体的这个大家庭中，蜂王（母亲）会产下受精卵发育成子代蜂王（女儿）和生殖器官发育不完全的工蜂（女儿），产下的未受精卵发育成雄蜂（儿子）。工蜂（女儿）和雄蜂（儿子）数量很多，它们从出生开始就永远看不到亲生的“父亲”。

蜂王（母亲）直接就能产下未受精的卵发育成雄蜂（儿子），因此雄蜂（儿子）的血统与蜂王（母亲）的血统是一致的，是“外公”“外婆”结合的血统，所以雄蜂（儿子）没有“父亲”。

蜂王（母亲）婚飞时与多只雄蜂交尾，因此蜂群中只有一部分工蜂和培育的子代蜂王有共同的“父亲”，大部分工蜂和培育的子代蜂王是同母异父。

26. 外界温度达到多少开始给蜂群散热？

蜂群繁殖时，巢温最佳温度为34～35℃，低于这个温度蜜蜂活动增加，并多食饲料提高巢温；高于这个温度，蜜蜂就会通过减少巢内活动或者振动翅膀加强扇风来降低巢温。

盛夏季节，除了阴雨天之外，外界温度超过25℃，阳光强烈，要适时给蜂群通风散热。蜂箱上加草帘、反光布等遮阴物，降低阳光直射造成的高温。开大巢门、纱窗或大盖气孔通风，帮助蜂群散热，减轻蜂群工作量，提高蜂群繁殖效率，增加蜂群采集力。

27. 气温对蜂群有影响吗？

养蜂有3个重要条件：蜂群、气候和蜜粉源，俗称“养蜂三要素”。气温不仅影响蜂群繁殖、生产活动，还影响蜜粉源植物的生长、开花泌蜜吐粉。

蜂群繁殖时，需要维持恒定的巢内温度。外界气温低时，蜜蜂要加强活动提高巢内温度，消耗饲料，消耗工蜂体力。外界气温过高时，蜜蜂会脱离巢脾在巢门口或箱壁上聚堆，很多工蜂在巢门口振翅扇风给蜂巢降温。这两种情况都会影响蜂巢内的正常工作，养蜂者应该在气温低时给蜂群适当保温，高温季节给蜂群遮阴散热。

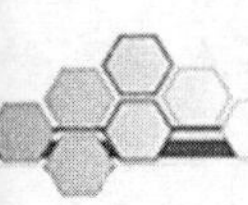
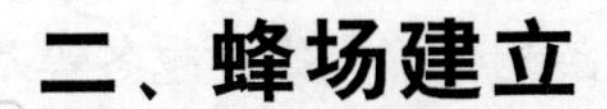

二、蜂场建立

28. 自然界有多少种蜜蜂?

广义上来说，蜜蜂总科中的蜂类都属于蜜蜂，已知种类超过2万种。狭义上来说，专指蜜蜂属中的蜂类。蜜蜂属通称蜜蜂，在分类上属于昆虫纲、膜翅目、细腰亚目、蜜蜂总科、蜜蜂科。自1758年林奈氏首次记载蜜蜂第一个属和第一个种，截至目前世界上生存的蜜蜂种类已达9种，它们分别是西方蜜蜂、东方蜜蜂、大蜜蜂、小蜜蜂、黑大蜜蜂、黑小蜜蜂、沙巴蜂、绿努蜂、苏拉威西蜂。

蜜蜂属共同的生物学特性：营社会性生活，能泌蜡筑造由上而下纵向发展、共用边、共用底的双面六角形巢房的巢脾，采集、酿制、贮存蜜粉积极，是人类可以饲养生产蜂蜜、蜂蜡和授粉的蜂类，但有些蜂种还处于野生状态。

蜜蜂属中可以人工饲养的蜜蜂有2种，也就是人们平常所说的蜜蜂。一种是西方蜜蜂，如意大利蜂、卡尼鄂拉蜂等；另一种是东方蜜蜂，如中华蜜蜂、印度蜜蜂等。它们在野生和人工饲养环境中，分别形成了许多亚种或类型。

29. 初学养蜂者如何建立蜂场?

蜂场的建立需要一个渐进的过程，由小到大。初学养蜂者既没技术又无经验，最好的办法是先买3～5群蜂试养，经过2～3年的经验积累逐步发展成型。可能的话，由经验丰富的养蜂师傅给予技术指导。

初学养蜂的第1年，主要是学习蜂群饲养管理技术，掌握蜂群的繁殖、分蜂、蜂病防治、繁殖适龄越冬蜂、蜂群越冬等基本知识和操作技术。当年以蜂群繁殖为主，适当兼顾生产蜂蜜，可将蜂群发展到6～10群。第2年，继续深化蜂群饲养管理技术，学会育王、快速繁殖、组织采蜜群等，蜂群可以发展到10～20群。

经过2～3年的学习和积累，就可以初步建立一个拥有30～50群的小规模蜂场。

30. 选择蜂场应注意哪些条件？

选择蜂场时，应注意在蜜蜂的有效采集半径2～3千米内有丰富的蜜粉源植物，至少有一种主要蜜源、多种辅助蜜粉源，花期交错，以利于蜂群繁殖和生产。

蜂场附近小气候适宜，是养蜂获得高产的前提。高温天气蜜蜂会通过扇风或采水来降温，这无形之中会增加蜂群的负担。蜂场应远离厂矿、仓库、学校、畜牧养殖场、交通要道、高压线等人多喧闹、危险的环境，同时夜晚无强光影响。

考察蜂场时，要了解附近是否有敌害、大型野兽，或是否会发生自然灾害等。

31. 100米高的高压线下是否可以放蜂？

如果有其他场地可以选择，最好不要在高压线下放蜂。虽然人们平时从高压线下通过很少遇到危险，但是也有人或牲畜在高压线下触电的报道。正常状态下高压线不会造成威胁，但遇到大风大雨等恶劣天气，高压线可能产生火花和地面连电，造成严重的安全问题。

此外，高压线有高压电流，它的周围会产生磁场，磁场会对蜜蜂的飞行定位和方向感产生影响，还会影响处女王出巢交尾的成功率。

32. 养蜂前的准备工作有哪些？

养蜂投资少、见效快，丰收年收入高。但同时也有风险，歉收年也会有损失。想从事养蜂行业的人，可以提前做一些必要的准备工作：

（1）了解放蜂场地周围蜜粉源植物的情况，如是否有柳树、黄柏、蒲公英、椴树、软枣子或椴树等蜜粉源植物，以保证蜂群繁殖的饲料供应，这样才能采到商品蜜，或者通过小转地能采到商品蜜。

（2）掌握蜂蜜销售渠道。只有把采到的商品蜜卖出去，才能让蜂蜜变成现金。

（3）了解蜜蜂生物学特性，学习养蜂技术。如果附近有养蜂师傅，遇到问题可以随时请教。

（4）准备好养蜂用具，如蜂箱、巢框、巢础、摇蜜机、蜂帽、起刮刀、饲喂器、喷烟器、隔王板等。蜂箱可以购买，或将旧蜂箱消毒后使用；巢框和巢础用于群势增长后扩大蜂巢；摇蜜机在生产蜂蜜时使用；蜂帽用于检查蜂群时防蜇；起刮刀用于撬动巢脾、清理蜂箱；饲喂器用于给蜂群补喂饲料；喷烟器用于防止蜜蜂暴躁蜇人；隔王板用于限制蜂王活动，在采蜜、采浆时使用。还有其他养蜂用具，可以在养蜂过程中根据需要逐渐添加。养蜂用具可以到专卖店购买，也可以自己动手制作。

养蜂者要眼明心细，勤于学习，除了向有经验的师傅学习外，还要阅读专业书籍，不断提高技术。

33. 定地养蜂一般养多少群合适？

定地饲养蜜蜂的数量，主要取决于本地的蜜粉源条件、个人身体与经济条件、养蜂技术水平等。如果在蜜蜂的有效采集半径2～3千米内有一种主要蜜粉源，可以饲养蜜蜂30～40群，蜜粉源比较丰富时可以适当增加蜂群数量。对于初学养蜂、养蜂技术普通的养蜂者，建议蜂群数量不要超过5群。技术水平高、经验丰富的养蜂者，要根据自己的身体状况、经济条件以及饲养特点（如精细管理、粗放管理）等来决定养蜂数量。

34. 如何选择自动翻脾摇蜜机？

生产自动翻脾摇蜜机（简称“自翻摇蜜机”）的厂家很多，其原理基本相同。好的自翻摇蜜机其外桶、桶底一次成型，无缝焊接，不锈钢加厚；内框架的横筋和竖筋加厚、加密，焊接纹路细作、结实；齿轮封闭无污染，上下轴承同心，转动规圆；装配桶盖。这样的自翻摇蜜机，无论哪个品牌都可以选用。

35. 人被蜜蜂蜇了应该如何处理？

蜜蜂有强烈的护巢本能，若蜜蜂认为蜂巢受到威胁，便会对入侵者发动猛烈的攻击。蜜蜂螫针末端有呈刺状的倒钩，蜇刺后倒钩会牢牢挂住被蜇者的皮肤，并连同部分蜜蜂的内脏一起脱落，失去内脏后的蜜蜂很快会死亡。

被蜜蜂蜇了要立刻远离蜂巢，以免再次被蜇。到达安全区域后，拔出皮肤上的螫针，然后用苏打水、肥皂水等弱碱性溶液反复冲洗。蜜蜂毒液中含有透明质酸酶等过敏原，过敏体质人群被蜇后可能会引发过敏反应，轻者出现皮肤潮红、瘙痒、肿胀等不适，严重时引发恶心、气喘、呼吸困难、过敏性休克甚至死亡。因此，被蜜蜂蜇了要密切观察至少24小时，若有明显异常反应要立即前往医院就医。

36. 囚王笼的用途是什么？

囚王笼是养蜂必备的工具之一，有多种制作形式与规格，在蜂群饲养管理中：蜂群需要断子时，用于限制蜂王产卵；培育蜂王过多时，用于暂时储存蜂王；给蜂群介绍新蜂王时，用于防止围王以保护蜂王；还可以利用囚王笼将蜂王留在箱内，以防止蜂群分蜂或者飞逃。

37. 了解地区气候特点对养蜂有何好处？

东北地区属于温带季风气候，纬度较高，冬季寒冷而漫长，夏季温暖而短暂。东北地区的降雨多集中在夏季，冬季降雪较多且地表积雪时间长。蜂群繁殖受气候和蜜粉源的影响，尽管各地气候和蜜粉源各有特点，但在一年中形成了独特的蜂群消长规律：群势恢复期、群势增长期、强群保持期、群势衰退期、越冬过渡期。

在有限的气候条件下，如何抓好养蜂生产，是养蜂者需要关注的问题。春季随着气候的逐渐变暖，蜂群处于群势恢复期、增长期，此时应着重考虑蜂群排泄、防治蜂螨、加脾扩巢、育王分群等；夏季气温炎热，蜂群处于强群保持期，此时应考虑给蜂群遮阴降温、预防分蜂热、抓好生产等；秋季随着气温逐渐下降，蜂群处于群势衰退期，此时应考虑给蜂群撤脾缩巢、繁殖越冬蜂、补喂饲料等；到了冬季外界寒冷，蜂群繁殖活动结束，蜂群处于越冬过渡期，此时就要注意给蜂群布置蜂巢、保温越冬、加强越冬管理等。

在四季养蜂管理当中，根据不同阶段的气候特点，适时抓住有利的气候条件，合理地进行养蜂管理，对养蜂的发展和生产能起到至关重要的作用。

38. 蜜蜂和马蜂有什么区别?

蜜蜂是蜜蜂总科、蜜蜂科昆虫的统称，尤其特指蜜蜂属下面的9个种，如西方蜜蜂、东方蜜蜂、黑大蜜蜂等。马蜂是胡蜂总科昆虫的俗称，尤其特指胡蜂科中具有群居特性的昆虫。两者主要区别包括以下几点：

（1）蜜蜂以植物的花粉和花蜜为食；马蜂主要以鳞翅目或其他小型昆虫为食。

（2）蜜蜂用工蜂分泌的蜂蜡筑巢，整个蜂巢由单列或数列巢脾构成；马蜂用木浆修筑蜂巢，有些马蜂巢外面还有一层保护壳。

（3）蜜蜂的毒液是弱酸性的，被蜜蜂蜇后要用弱碱性溶液中和；马蜂分泌的毒液呈弱碱性，被马蜂蜇后要用弱酸性溶液清洗。

（4）蜜蜂的螫针末端有倒钩，蜇人后蜜蜂自己会因内脏脱落而死亡；马蜂的螫针末端没有倒钩，蜇人后马蜂不会死亡。

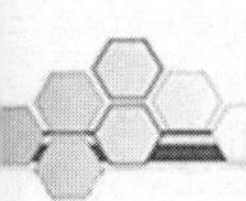

三、蜂群基础管理

39. 怎样检查蜂群？

检查蜂群是把群内的巢脾提起后仔细观察，了解群内真实情况，采取措施帮助蜂群繁殖。检查蜂群分为全面检查、局部检查和箱外观察。

（1）全面检查。 当蜂群进入增长期后，需要定期全面检查蜂群，目的是加脾扩巢、补喂饲料、控制分蜂、防控病虫害等。检查时提脾动作要轻稳，提脾前用工具撬动巢脾扩大蜂路，避免挤压工蜂或蜂王。所有巢脾都要逐一提起，认真查看蜂王产卵与子脾比例（卵∶虫∶蛹比例为1∶2∶3）、蜜粉贮存量、蜂脾关系、是否有自然王台、蜂体上是否有蜂螨寄生、成蜂与子脾健康程度等情况。发现问题及时处理，并确定下一步需要做什么，每次检查都要做好记录。不要频繁全面检查蜂群，每次检查不一定都要找到蜂王，只要子脾正常就证明蜂王正常，长时间开箱检查会影响蜂群繁殖。

（2）局部检查。 外部环境不利或者只想了解蜂群部分情况时，打开蜂箱提起1～2张巢脾查看。通过巢脾上的贮存蜜粉、蜂子分布、工蜂数量等，来确定蜂群内情况和需要采取的措施。

（3）箱外观察。 养蜂者通过观察蜂箱巢门口及地上的工蜂表现，来了解蜂群内部的情况。勤做箱外观察，能及时发现问题、解决问题。如巢门口有残翅幼蜂爬行，则可能有蜂螨寄生；如巢门口有幼蜂死亡、拖出的幼虫，则可能群内缺少饲料；如巢门口混乱，工蜂打架，则应该是发生了盗蜂；如大量工蜂在巢门口安静聚集，则可能巢温过高或有分群可能。

40. 什么是饲料充足、饲料不足、缺饲料？

蜜粉巢脾上装满蜂蜜和花粉，每张子脾都有蜜粉圈，且上部装蜜的巢房都已经封上蜡盖，这样的蜂群称之为饲料充足。饲料充足的蜂群健康，繁殖快，抗病力强。

蜜粉巢脾上巢房里的蜜粉不到巢房高度的一半，有些巢房已空，子脾的边角蜜粉也较少，这样的蜂群称之为饲料不足。饲料不足的蜂群易患白垩病，应该立刻补喂饲料。

所有的巢脾上几乎看不到蜜粉，严重时有幼蜂死亡，巢门口有拖出的幼虫，这样的蜂群称之为缺饲料。缺饲料的蜂群应该马上补喂饲料或者加入蜜粉脾。补喂饲料时，注意防止起盗，最好在傍晚工蜂不出巢时饲喂。

41. 看蜂都看什么？

看蜂又称检查蜂群，目的是了解蜂群内的所有情况，以便采取相应措施，帮助蜂群快速繁殖。

看蜂要看蜂王产卵情况、饲料是否充足、卵虫蛹发育是否正常、蜂体上是否有蜂螨、蜂数是否增多而需要加脾、是否有自然王台、是否有分蜂情绪，此外看蜂时应把正在出房的蛹脾移到蜂王产卵区。

不用每次看蜂都要看到蜂王，只要卵虫蛹正常即可。工蜂多，蜂王没有空间产卵时，应根据当时的气温和蜂脾关系加产卵脾。蜂体上有寄生螨时要及时用药，但应避开采蜜期，防止药物污染蜂产品。饲料不足时要在夜晚及时补喂，同时注意控制分蜂热。

看蜂提脾要稳，不要挤压工蜂，时间尽可能短些，降低对蜂群正常繁殖的影响。如果两脾间的蜂路合理（繁殖期 8～12 毫米），则不用频繁地全面检查蜂群。

42. 什么是蜂脾关系？

蜂群中每张巢脾上附着的工蜂数量和巢脾之间的关系，称之为蜂脾关系。蜂脾关系分为蜂脾相称、蜂略多于脾、蜂多于脾、脾多于蜂和脾略多于蜂。

每张巢脾上有 6 500～7 000 个巢房。工蜂一只挨着一只趴满整张巢脾，数量大约在 2 500 只，这种情形称之为蜂脾相称。工蜂趴满巢脾，有部分工蜂紧密相叠，数量在 3 000 只左右，称之为蜂略多于脾。巢脾上的工蜂层层相叠，数量在 3 500 只以上，称之为蜂多于脾。巢脾上的工蜂只能护住 60%的面积，数量在 1 500 只左右，称之为脾多于蜂。巢脾上的工蜂不是一只挨着一只，数量在 2 000 只左右,称之为脾略多于蜂。

春秋繁殖期，蜂脾关系可以紧一些。培育采蜜适龄蜂，蜂脾关系应适当松一些，但不能低于每张脾上有五成蜂。

43. “养蜂三要素”指的是什么？

养蜂三要素指的是气候、蜜粉源和蜂群。气候包括气温高低、雨量多少以及天气转变等；蜜粉源包括主要蜜粉源、辅助蜜粉源及其开花泌蜜规律等；蜂群包括蜂种、群势强弱以及蜂群在各个阶段的状态等。

蜂群消长规律受气候和蜜粉源的制约。当气候、蜜粉源对蜂群有利时就增长、扩大群体；当气候、蜜粉源对蜂群不利时就逐渐停止增长、缩小群体。养蜂者管理蜂群时，必须根据蜂群强弱、天气好坏、蜜粉源盛衰来考虑处理蜂群的方法，不能以蜂论蜂，忽视自然条件对蜂群的影响与制约。养蜂者只有将“养蜂三要素”贯穿于整个养蜂过程当中，才能促进蜂群的繁殖以及养蜂生产的发展。

44. 炼糖是怎样做的？

炼糖是糖粉加蜂蜜充分糅合制成的。先把白砂糖用粉碎机加工成面粉状细粉，糖粉尽量粉碎细一些。优质蜂蜜加热到40～50℃，根据用量取糖粉，逐渐加入蜂蜜，搅拌、糅合，糖粉充分吸收蜂蜜，揉成不沾手的糖粉团，这就是炼糖。

蜂蜜根据使用目的和软硬程度来确定用量。春秋季炼糖应稍微软些，方便工蜂取食；夏季炼糖应稍微硬些，防止炼糖融化。

45. 怎样通过蜜蜂的行为判断巢温是否正常？

巢温不正常易发生在早春和夏季。通过箱外观察，早春温度达到10℃以上时，蜂群中的工蜂能够正常出巢飞行。如有的工蜂不出巢飞行，则其所在蜂群可能巢温过低，此时打开蜂箱观察，这些不出巢飞行的蜂群已结成松散的蜂团，护住部分子脾，需要加强保温或补强蜂群。

夏季如果工蜂正常飞行，巢门不拥堵，说明巢温正常。如果蜂群在没有分蜂情绪时，工蜂脱脾，在巢门口、箱壁大量聚集，巢门口有大量工蜂扇风，说明巢温偏高。正常情况下，蜜蜂能够维持巢内的温度，否则就需要人为帮助调节，通过给蜂群扩大巢门、加遮阴物等方法降低巢温。

46. 蜂群中与造脾速度相关的因素有哪些？

巢脾是由13～18日龄蜡腺发达的工蜂分泌的蜡鳞修筑而成的。蜂群中与造脾速度相关的因素主要有：

（1）蜂王的产卵能力。一个产卵好的蜂王，能加快蜂群繁殖速度，促使蜂群扩巢修造新脾。

（2）蜂群处于增长期。处于增长期的蜂群工蜂数量多，蜂群有扩巢愿望，修造新脾快。

（3）群内饲料充足。工蜂分泌蜂蜡需要消耗蜂蜜，外界蜜粉源好，群内饲料充足蜂群修造新脾快。

（4）蜂群没有严重的分蜂情绪。分蜂热严重的蜂群修造新脾慢，甚至不造新脾。

（5）蜂脾关系紧。蜂脾相称或蜂略多于脾的蜂群造脾快，脾多于蜂的蜂群加巢础也不会马上造脾。

（6）气候因素。晴朗温暖的日子里，蜂群造脾快；阴雨低温天气，蜂群造脾慢。

此外，蜂群群势大小、巢础质量等也会影响修造新脾的速度。

47. 怎样才能造出优质的巢脾？

修造优质巢脾需要的条件：

（1）巢础往巢框上安装时，要平整、牢固，巢础和巢框侧条、下条留出 2～4 毫米的空间，框线压入巢础，埋框线的地方最好用蜂蜡刷一遍。如果用塑料巢础修脾，要把巢础面用蜂蜡刷一遍或在蜂蜡液中蘸一下（挂蜡）。

（2）造脾前放慢扩巢速度，让工蜂密集一些，每张巢脾上不低于八成蜂。

（3）造脾前给蜂群喂足饲料，最好造脾当晚奖励饲喂蜂群。

（4）造新脾要选择晴暖的天气，阴雨天不造脾。

（5）小群加巢础时，把巢础加在子脾和边脾之间。新脾修好且蜂王开始在上面产卵后，再移到蜂巢中间。大群造新脾，直接把巢础加在子脾中间。加隔王板蜂群，巢础加在产卵区让新造的巢脾成为子脾。

48. 蜜蜂为什么会造赘脾？

蜜蜂造赘脾，既浪费饲料又加大蜂群管理难度。蜜蜂造赘脾的原因主要有：

（1）巢脾间蜂路过宽，工蜂在两个巢脾之间修造夹层赘脾。在春夏秋繁殖期，常用蜂路为9～10毫米，不妨碍蜜蜂在巢脾上工作，利于护巢、保温、通风。在大流蜜期，蜂路一般为12～14毫米，便于工蜂酿造和贮存蜂蜜。在蜂群越冬期，一般用12毫米左右的蜂路，利于结团时加厚蜂层。

（2）蜂群进入增长期，蜂数增加而没有及时加脾扩大蜂巢，工蜂就会在隔板外修造赘脾装饲料，或蜂王在赘脾上产卵。

（3）在大流蜜期，蜂群内的巢脾全部装满了蜜，并且已经开始封盖，没有及时摇蜜，或者没有及时加空巢脾装蜜，工蜂就会修造赘脾装蜜。

（4）蜂群补喂越冬饲料时，饲料喂得太多，巢脾没有多余地方装蜜，或者喂饲料的时候太着急，连续不断地添加饲料，没有给工蜂留下充分酿造蜜的时间，便会不停地搬运饲料装满巢脾，此时工蜂就会在隔板外修造赘脾装饲料。

49. 如何介绍蜂王？

蜂群失王、换王和分群时，给蜂群送入1只蜂王并让蜂群接受新蜂王的过程称为介绍蜂王，包括介绍王台、处女王和产卵王。

介绍王台，要介绍封盖5～7天的成熟王台。把王台基部粘到中间巢脾上，王台头部向下，王台所处位置的蜂路稍宽一些，保证处女王正常出房。

介绍处女王和产卵王，有直接放入、混合气味、诱入器等介绍方式。介绍蜂王前，一定要先仔细检查蜂群，去除巢脾上的王台，确定群内没有蜂王。

（1）直接放入。蜂群进蜜好，工蜂采集积极或大流蜜期，把蜂王轻轻放在巢脾上梁或巢门口，让蜂王自己爬进蜂巢。

（2）混合气味。先给蜂群放入葱、蒜等有气味的物品，或用喷烟器向蜂群喷烟混合气味，1小时后把蜂王轻轻放入蜂群。

(3) 诱入器。购买或自己用小孔铁纱折成铁纱罩，把蜂王扣在巢内中间巢脾上，过1～3天观察工蜂对笼内蜂王有没有敌意，没有敌意就放出蜂王。使用诱入器是介绍蜂王常用的方法，成功率较高。

50. 蜂王可以用几年？

蜂群中的产卵王可以用几年没有明确标准，只要这只蜂王产卵正常，能繁殖成为强群，且不轻易发生自然分蜂热，就可以继续用。

在养蜂生产中，养蜂者都会在6—8月培育新蜂王，把全场蜂群的蜂王进行更换，也就是1只蜂王只用1年。每年都用新王繁殖，其产卵好，起群快，群势强。不会育王的养蜂者，1只蜂王也可以用2年。如果蜂王产卵力差，只能维持4～5张子脾，蜂群容易发生自然分蜂，这样的蜂王不管是新王还是老王都需要马上更换。

蜂王交尾后，获得的精子可以供一生产卵用。1只蜂王每年能产十几万粒卵，耗费很多体能，时间长了产卵速度会降低。因此，蜂王一般使用2年后，就应该更换新的蜂王。

51. 有介绍蜂王成功率高的方法吗？

利用幼蜂介绍蜂王成功率高。

刚出房的幼蜂对气味不敏感，没有群界，没有出巢飞行经历。利用这些特性，介绍种王成功率比较高。方法是用一个空蜂箱打开巢门，从原群提1张封盖子脾、1张蜜脾放在空箱内，再抖入2～3框工蜂。1天后观察新分群，剩下的工蜂全部都是幼蜂，把蜂王轻轻放在巢门口或巢框上梁让其自行爬入即可。特别重要的种王，用诱入器把蜂王扣在巢脾上，1天后放出即可。

也可以在原群巢箱上放空继箱，继箱开一个后巢门，继箱和巢箱之间用一个纱盖和一块覆布隔离气味。方法同上，蜂王介绍成功且产卵正常后，撤去覆布使上下蜂箱气味串通。需要将上下蜂箱合并时，检查巢箱并抓出蜂王，把纱盖换成一张报纸，工蜂把报纸咬开后，上下蜂箱内的蜜蜂即可合成一群，开始正常繁殖。

52. 蜂群起盗后采取什么措施才能控制？

养蜂人最头疼的事就是蜂群起盗。蜂群起盗的主要原因是外界缺少蜜粉源，而且被盗群都是小群。蜂群检查时间过长、带有蜜糖的用具保管不严、在蜜蜂大量活动的时间补喂饲料等都会引起盗蜂。

如果发现蜂场有少量蜂群被盗，说明做盗群出自本蜂场，应马上找出做盗群，缩小被盗群的巢门，夜晚把做盗群蜜糖多的巢脾和被盗群无蜜糖的巢脾互换1～2张，给做盗群喂糖浆，坚持2～3天就能控制盗蜂。也可以把被盗群搬离到原蜂场5千米以外的地方，喂足饲料，原箱位放一个开着巢门的空蜂箱，过1周左右，等原蜂场的盗蜂消失，再把蜂群搬回，或将做盗蜂群搬走。

如果是全场蜂群起盗，说明被其他蜂场的工蜂盗抢，必须把所有蜂群都搬迁到5千米以外的新址，喂足饲料，等外界开始有辅助蜜粉源后，再考虑搬回原址。

高温天气不要采取关闭巢门、人工扑打的方式控制盗蜂，容易发生巢温升高致蜜蜂死亡，或者造成蜂场混乱引起其他蜂群被盗。

防止盗蜂的发生，重在平时防范。在无蜜粉源期检查蜂群要加快速度，群势小的蜂群用大群的幼蜂或者马上要出房的封盖子脾及时补强。全场蜂群都要及时补喂，保持饲料充足。喂蜂必须在夜晚蜜蜂停止飞翔后，同时带有蜜糖气味的用具要封闭保存。

53. 是否需要割除雄蜂蛹，雄蜂多会影响蜂群繁殖吗？

《蜜蜂杂志》《中国蜂业》上有文章论述过这个问题，割雄蜂蛹和不割雄蜂蛹的蜂群相比较，不割雄蜂蛹的蜂群产蜜量稍多，蜂群稍壮，自然分蜂发生更晚，但饲料消耗没有差别。

雄蜂作为三型蜂之一在蜂群中是必须存在的，但季节性比较强，秋末蜂群不需要雄蜂时会停止培育。蜂群什么时候开始培育雄蜂、培育多少是自己控制的，不需要人为干涉。东北地区每年4月中旬蜂王开始产雄蜂卵，8月末正常蜂群开始限制雄蜂。蜂群内雄蜂数量的多少与蜂王质量、巢脾上的雄蜂房数量有关，蜂群不会无限制地培育雄蜂，会根据群势的大小控制其比例。即使人为加入整张雄蜂脾，也不能保证育出一张完整的、密实度高的雄蜂蛹脾。另外，这些雄蜂也不会全部留在一个蜂群内，出巢飞行时会有一部分雄蜂进入其他蜂群。

有的人认为培育雄蜂浪费饲料，经常割除雄蜂蛹。实际情况是雄蜂蛹刚刚封盖，至少在10～14天内不用饲喂，此时把封盖雄蜂蛹割掉，工蜂很快会把雄蜂房清理干净，蜂王会马上重新产雄蜂卵，工蜂又开始饲喂和照顾新的雄蜂幼虫，反倒增加了饲料的消耗，浪费了工蜂的体力。此外，割除雄蜂蛹时，难免会损坏工蜂巢房，有时损坏的工蜂巢房会被改造成雄蜂巢房，修补、改造巢房同样浪费了饲料和工蜂的体力。

有雄蜂的蜂群繁殖更好，采集更积极，建议不割除雄蜂蛹。

54. 巢脾需要经常调换位置吗？

蜂群不足5张脾的，巢脾位置不用调换。蜂群群势大的，应该适当调换巢脾位置。调换巢脾位置，是为了让蜂王尽快在空出的巢房里产卵，减少蜂王爬行寻找空巢房的时间。平箱群繁殖时，巢脾摆放是把蜜粉脾放在蜂巢最外面的两侧，从两侧依次向内摆放刚封盖的蛹脾、虫脾、卵脾，有新蜂要出房的老蛹脾放在中间。7～10天检查一次蜂群，每次把两侧的蛹脾移到蜂巢中间，原有的虫脾变蛹脾、卵脾变虫脾，依次向外移。加继箱的蜂群，蜂王喜欢在继箱上产卵，每次检查蜂群时把产卵脾放在继箱，布置巢箱为育虫区、继箱为产卵区。加隔王板的蜂群，每次检查蜂群都要把即将出房的蛹脾移到有王产卵区，新封盖的蛹脾和大幼虫脾移到无王育虫区。

粗放式饲养，以箱体为单位管理的蜂场，巢脾不用调换位置。

55. 巢箱满箱后怎样加继箱？

巢箱加满巢脾后，不要马上加继箱，等3～5天让工蜂数量继续增加，避免加继箱后空间扩大，蜂群不适应。

（1）在巢箱上加1个继箱，继箱里放2张蜜粉脾作边脾，放3张产卵脾、1块隔板。巢箱里的巢脾不动。过5～7天看蜂，如果蜂王已经到继箱里的产卵脾产卵，调整蜂群，把新蛹脾、幼虫脾放在巢箱作育虫区，老蛹脾、产卵脾放在继箱作产卵区。之后每次看蜂，都要把继箱虫脾、新蛹脾和巢箱的老蛹脾互换，每次加脾、修新脾都加在继箱里。

（2）在巢箱上加1个继箱，直接从巢箱里提2张老蛹脾，挨着老蛹脾加2张产卵脾，加2张带饲料的边脾。把巢箱布置成育虫区，继箱变成产卵区，后期正常管理。

（3）蜂群加继箱可以直接加隔王板，加隔王板的蜂群，蜂王产卵受到限制。7～10天检查一次，将有王区的虫脾、刚封盖的蛹脾和无王区的老蛹脾互换。

以箱体为单位管理的蜂群，巢脾不用调换，巢箱和继箱巢脾一样多，对称摆放。

56. 蜂群跑蜂能提前发现吗？

蜂群在跑蜂前有特殊表现，细心观察是能发现的。

蜂群跑蜂是发生了自然分蜂，发生自然分蜂的蜂群多数是强群，外界气温高也是分蜂的一个原因。蜂群繁殖到一定程度，蜂王产卵速度慢于哺育蜂增长速度，蜂群中有大量的工蜂无事可做。如果没有及时加脾扩大蜂巢，将导致巢内拥挤、巢温高，蜂群就会跑蜂。

蜂群跑蜂前，大量培育雄蜂，使蜂群内雄蜂蛹和已经出房的雄蜂比正常蜂群多很多。工蜂在子脾的边缘开始筑造王台，自然王台个数一般 2 个以上，多的达到 10 余个。跑蜂前 1～3 天蜂王产卵减少或停产。新蜂王出房或即将出房时，工蜂带着老王飞走。

蜂群跑蜂前，出巢采集的工蜂减少，大量工蜂脱脾趴在箱壁或纱盖上，有时会连续几天在巢门口聚堆成“蜂胡子”。

跑出的蜂不直接飞走，先在蜂场周围的树上或建筑上停留几小时，养蜂者细心观察就能将跑出的蜂收捕回来。

57. 怎样预防蜂群跑蜂？

蜂群跑蜂的原因是巢内拥挤、巢温高，很多工蜂无事可做，蜂王产卵速度慢于新蜂出房速度。预防蜂群跑蜂要从以下几个方面考虑：

（1）饲养繁殖好、分蜂性弱、耐大群的蜂种，每年换 1 次蜂王，发现产卵慢的蜂王及时更换。

（2）高温天气时，要采取降温措施，给蜂群增加遮阴物。

（3）改变蜂脾关系，由蜂脾相称向脾多于蜂过渡。

（4）每次检查蜂群时，去除自然王台。

（5）加巢础扩大蜂巢，让蜂群多造脾，给工蜂增加工作量。

（6）将大群的老蛹脾和小群的卵虫脾互换，平衡大小群之间的工蜂哺育能力和蜂王产卵能力。

（7）及时生产蜂王浆，在采粉多的时段生产蜂花粉。

（8）给蜂群增加 1 只产卵王组成双王群，或选择合适机会酌情人工分蜂。

58. 双王繁殖起群快吗？

双王繁殖比单王繁殖起群快。群势达到一定程度，蜂群的哺育能力超过蜂王的产卵能力，适时给蜂群增加 1 只蜂王，2 只蜂王产卵能充分挖掘工蜂的哺育潜力，多培育幼蜂加强群势。大群双王繁殖，小群单王繁殖即可。

有两个时间段适合双王繁殖，一是 5 月中旬到 6 月中旬培育椴树蜜采集适龄蜂，二是 8 月中旬到 9 月 10 日繁殖越冬适龄蜂。双王群内勤蜂多，外勤蜂少，消耗饲料多，管理时应注意蜂群饲料储备。另外，双王繁殖可以避免蜂群发生自然分蜂。

59. “以强补弱”是指什么？

一个蜂场内有蜂群群势大、工蜂数量多、繁殖较好的蜂群，也有蜂群群势小、工蜂数量少、繁殖较差的蜂群，用群势大的蜂群帮助群势小的蜂群，让全场蜂群都快速地繁殖起来，称之为以强补弱。

（1）用强群工蜂补弱群。蜂群春季开始繁殖的第 1 天，工蜂还没有大量出巢飞行，此时的蜂群还没有群界，根据弱群需要的蜂数，直接从强群提出工蜂补给弱群。繁殖期用强群幼蜂补弱群，先取一个空蜂箱，放入带少量蜜的巢脾，从强群提出适量工蜂抖入空箱，抖蜂后把该蜂箱放到蜂场边，1 天后老蜂都飞回原群，把剩下的幼蜂抖入需要补的弱群即可。需要注意的是，提蜂前一定要先找到强群的蜂王并单独隔离，千万不能将蜂王补给弱群或者掉王。

（2）用强群子脾补弱群。强群中挑选出有新蜂正在出房的封盖子脾，与弱群的卵虫脾互换。一定要抖净工蜂，同时要考虑互换子脾后弱群能否护住子脾，防止发生拖子现象。

“以强补弱”一定要注意蜂群的蜂脾关系，可以一次性补强，也可以分多次补强弱群。

60. 蜂场如何给蜜蜂喂水？

蜂群为了维持生命和调节蜂巢的温湿度，每天都需要采水。蜂场人工喂水可以减少蜜蜂采水的体能消耗及个体损失，也能够避免感染传染性疾病。

（1）露天喂水。蜂场空地放一大盆或挖一土坑（内铺塑料布），铺木板，然后倒入清水供蜜蜂采集。也可以制作自动饮水器，即在一块木板上刻许多小凹槽，木板上端倒放一开小口的水瓶或带水龙头的塑料桶。

（2）巢门喂水。在蜂箱巢门踏板上放置盛满水的瓶子或塑料袋，取一块纱布，将纱布的一端浸在瓶子或塑料袋里，这样蜜蜂就可以从湿布上吸取水分。也可以直接购买巢门饲喂器，方便省事。

（3）巢内喂水。蜂巢内子脾多，蜂群需要较多的水分，此时喂水应与奖励饲喂相结合，饲喂器夜晚喂糖、白天盛水。高温干燥的季节，可以在纱盖上覆盖湿毛巾，并经常往湿毛巾上洒水。

61. 自然分蜂是老蜂王飞走还是处女王飞走？

蜜蜂是典型的社会性昆虫，分蜂是扩大种群数量的需要，可使一群蜂变成两群或多群蜂。自然分蜂是老蜂王和部分工蜂离开蜂巢另觅新址筑巢，原蜂巢留给即将出房或已经出房的处女蜂王。如果蜂群接连发生第 2 次甚至第 3 次分蜂，飞走的就是处女蜂王，留下来的也是处女蜂王。

62. 自然王台和急造王台能用吗？

蜂群培育自然王台有两种情况，一种是蜂王衰老产卵力下降或是残疾，产卵力无法满足蜂群发展的需要，蜂群要淘汰老王，就会培育新的蜂王。另一种情况是，蜂群群势强壮以后，有分群的愿望，蜂群就会培育新的蜂王。

自然王台是工蜂在巢脾的边缘修筑，蜂王在王台内产卵，得到工蜂非常好的饲喂和照顾。在不考虑遗传种性的情况下，可以使用这些王台分蜂或更换老蜂王，王台质量很好。

急造王台是蜂群原有的蜂王失踪后，工蜂发现群内没有蜂王，就会在子脾上寻找合适幼虫，把工蜂巢房改造成王台。急造王台是在蜂群紧急状态下的产物，王台个体比较小，蜂王初生重比自然王台差，培育出的蜂王质量也不如自然王台，因此最好不用急造王台。

蜂群出现急造王台后，表明这个蜂群已经是无王群，新王还要几天后才能出房，且新王出房后还要再等 10 天左右才能产卵，蜂群很快就会断子。发现蜂群有急造王台，应马上破坏，并给蜂群介绍储备的蜂王或王台，必要时还要补卵虫脾。

63. 蜂群失王后工蜂一般多久产卵?

工蜂是受精卵发育且具备一定生殖能力的雌性蜜蜂，因生殖系统发育不完全而无法像蜂王那样产受精卵，工蜂产的卵都是未受精卵，只能发育成雄蜂。蜂群中有蜂王时，工蜂生殖能力受到蜂王信息素抑制。当蜂群失王且无法急造王台时，部分工蜂卵巢便会发育产卵。从时间上看，工蜂产卵一般发生在蜂群失王后 10～12 天。

64. 工蜂房内为什么会有雄蜂蛹?

工蜂房内有雄蜂蛹，且数量比较多，可能是蜂群长时间无王导致工蜂产卵，或是产卵王衰老、受损而产未受精卵，也可能是新王交尾时受精不足。

（1）蜂群长时间无王，超过 20 天没有子脾，个别工蜂卵巢会发育产卵，产的都是雄蜂卵。发现工蜂产卵，应马上给蜂群调入 2 张卵虫脾，并介绍产卵王给蜂群。

（2）产卵王在工蜂房内产雄蜂卵，会影响蜂群繁殖，应尽早用优质产卵王更换。

（3）工蜂房内出房的雄蜂用处不大。工蜂房比雄蜂房小，因此在工蜂房内培育出来的雄蜂个体小，体内器官相对小，飞行能力差，精液少或没有精液，不能参与空中交尾。

65. 蜂王死后蜂群会飞逃吗？

蜂王是蜂群中必不可少的角色，如果蜂群中蜂王突然死亡或者失踪，蜂群也不会飞逃。蜂群突然失王，一般工蜂会紧急改造3日龄内的幼虫巢房为王台，蜂群中会出现多个急造王台。蜂群中长时间没有蜂王，会出现工蜂产卵。

66. 关王断子一段时间，放王后会被围王是什么原因？

被囚蜂王处在狭小的空间内，只有囚王笼附近的较少工蜂出入王笼，时间长了巢内距离蜂王较远的工蜂获得蜂王信息素不足，就会导致极少工蜂卵巢发育，对蜂王产生敌对情绪，严重时就会在囚王笼内发生围王现象。对于刚刚解除幽闭的蜂王，其巡视蜂巢时更容易被围攻。

此外，放王操作时手接触到多只蜂王，使蜂王气味发生改变，就会引起工蜂排斥围王。一般情况下，黑体色蜂种较黄体色蜂种易发生围王现象。

67. 户外结团的蜂群，如何判断是老王群还是新王群？

首先根据结团的状态来判断。结团比较紧凑、蜂群不慌乱，一般是有王群。结团散乱、不紧凑，蜂群比较慌乱，即判断为无王群。

其次根据蜜蜂的生物学特性来判断。蜂群第1次分蜂出去的都是老蜂王，第2次再分蜂出去的是新蜂王，即处女王。老蜂王分蜂的时候，会带走一半的蜂，且老中青蜜蜂比例均匀。如果户外结团的蜂群群势较大，正常情况下都是老王群；如果户外结团的蜂群群势较小，大概率是新蜂王结团。

68. 流蜜期双王群或多王群会产生分蜂情绪吗？

不会。双王群或多王群子脾比单王群多，内勤蜂负担重，工蜂工作积极，不会产生分蜂情绪。但是进入流蜜期，要对蜂群进行处理，撤走多余蜂王，提出部分卵虫脾，留 1 只蜂王产卵，减少内勤蜂工作，让大部分工蜂投入采集工作中，否则会影响蜂蜜产量。如果不注重采蜜，以繁殖为主，可以继续双王或多王繁殖，能繁殖出强壮的群势或多分出一些蜂群。

69. 蜜房封盖干、湿型和蜂王产卵力陡是什么意思？

蜜蜂采集的花蜜含水量高，需要一个去除水分和添加转化酶转化蔗糖的酿造过程，把稀薄的花蜜酿造成可以贮存的成熟蜂蜜，然后工蜂再用蜡腺分泌的蜡鳞给贮存蜂蜜的巢房封蜡盖，这就完成了从花蜜到成熟蜂蜜的整个流程。

如果工蜂在封蜡盖时，蜡盖和蜂蜜之间稍微留有一点距离，蜡盖与蜂蜜没有紧贴粘连在一起，蜡盖颜色浅，整张封盖蜜脾呈白色，称之为蜜房封盖干型。相反，如果工蜂在封蜡盖时，蜡盖和蜂蜜之间没有留空余的距离，蜡盖与蜂蜜紧贴粘连在一起，蜡盖颜色深且与蜂蜜颜色相同，整张封盖蜜脾呈褐色，称之为蜜房封盖湿型。不同蜂种，蜜房封盖是不同的。如意大利蜂的蜜房封盖为干型或中间型，卡尼鄂拉蜂的蜜房封盖为干型，高加索蜂的蜜房封盖为湿型。

一些黑体色蜂种，在外界气温变化、群内饲料缺少时，蜂王产卵速度马上减慢，群内子脾数量减少。当外界气温升高，辅助蜜粉源增加时，蜂王产卵速度马上加快，大量产卵，群内子脾数量迅速增多，这种现象称之为蜂王产卵力陡。

70. 养蜂管理需要注意哪些基本问题?

蜂群要摆放在背风向阳、地势高燥的安静处，远离猪舍、鸡舍、厕所、粪堆等不卫生的环境，远离粮米加工厂、封闭不良的库房。蜂箱、工具、白糖、花粉等禁止放在堆放过化肥、农药、除草剂及汽柴油的仓库。蜜蜂对气味非常敏感，检查蜂群时不要喝酒、擦气味浓烈的化妆品，应用肥皂把手洗干净后再看蜂。应保证附近水源洁净，不能用沾有油类的容器装喂蜂的饲料，且饲料中禁止混入有害物质。

放蜂场地要有辅助蜜粉源植物为蜂群提供饲料，平时要保持蜂群内蜜粉充足，每张巢脾上都要有蜜粉圈。不同时期，蜂群采用不同的蜂脾关系。蜂群增长期及时加脾扩巢，不让蜂群产生分蜂热；采蜜期要控制蜂王产卵，增强工蜂采集力使其多采蜜。

养蜂不是一种简单的体力劳动，而是一项精细的技术工作。养蜂工作环环相扣，养蜂人一定要勤快、细心，多请教有经验的师傅。

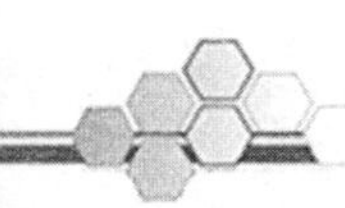

四、春季蜂群繁殖

71. 春季什么时间开始繁蜂？

蜂群春季开始繁殖的时间，要根据蜂群越冬情况、第一个蜜粉源植物开花期和外界气温来确定。

长白山区蜂群越冬一般要到3月中下旬结束。真正第一种蜜蜂能采集到花蜜、花粉的开花植物是柳树，柳树在4月上旬至5月上旬开花，花蜜、花粉较多且利于繁蜂。柳树开花前20～30天整理蜂群，留足蜜粉开始繁殖。整理蜂群的1～2天内，气温要达到10℃以上，工蜂才能正常飞翔。低于10℃的阴天，不要强行开箱检查蜂群，否则会损失很多蜜蜂。

越冬后期饲料不够或者蜂群不正常，要根据当地天气情况，选择温度10℃以上的晴暖天气，让蜂群尽快排泄、调整饲料。蜂群排泄后，根据情况开始繁殖或恢复越冬状态。

72. 早春蜂群繁殖是否要保温？

早春繁殖应该给蜂群适当保温。

蜂群有子脾以后就会把巢内温度维持在34～35℃，以保证子脾顺利发育。早春气温低、寒潮多，虽然工蜂能靠多食蜜糖增加活动产生热量，但是超过它们能抵抗的范围后，工蜂就会向巢中间收缩，此时部分子脾因得不到工蜂的保护而死亡。天气转暖后，工蜂要清理死亡的卵虫蛹，再让蜂王重新产卵，这样既浪费饲料，也浪费蜂王的产卵力和工蜂的体力。

保温要适当，低于3框蜂的蜂群箱内外都要保温。4框蜂以上的蜂群产热能力强，只做防雨、防潮的简单保温即可。大群保温过度且在外界不适合蜜蜂飞行时，会有蜜蜂因为巢内温度高而飞出巢被冻死。

73. 早春蜂群繁殖要做哪些工作?

蜂群春季繁殖是一年的开始，一定要做好相关工作。

提前确定摆放蜂群的场地，清理干净场地内的积雪，有条件的话用生石灰或消毒液提前消毒场地。检查上一年的巢脾，能产卵的脾、蜜脾、粉脾等分类摆放。把巢脾、养蜂用具放在密闭场所，用硫黄熏蒸消毒，这项工作很重要，但千万注意防火。准备好春繁需要的保温材料、饲喂器、治螨药物等物资，没有粉脾的蜂场还要准备蜂花粉，最好不用代用粉。

选择10℃以上晴暖天气，把蜂群摆放在场地内。紧脾缩小蜂巢，提出蜂巢内多余的脾，3框蜂及以下的蜂群保持蜂多于脾，4框蜂及以上的蜂群保持蜂略多于脾。留足饲料，没有花粉脾的蜂群补喂花粉。在蜂群没有出现幼虫前，用杀螨水剂治螨，小群用大群工蜂补充或组织双王群。

给蜂群适当保温，采用巢门喂水的方式饲喂蜂群。平时注意预防盗蜂，检查蜂群要在晴暖的天气快速进行。及时检查群内的饲料，避免蜂群缺蜜、缺粉。

74. 早春低于12℃时，如何通过箱外观察来判断巢温是否正常?

早春外界气温低于12℃时，蜜蜂个体难以出巢长时间飞翔，也不宜开箱检查了解蜂群内温度是否正常，最好是通过箱外观察来判断巢温。方法如下：

(1) 早春气温较低时，蜂箱巢门开在蜂巢的外围，巢门要小。

如果发现巢门前的踏板上有从巢门散出的水道，表明巢温正常；看不到从巢门散出的水道，表明蜂巢内的温度较低。

（2）利用巢门饲喂器喂水，或用吸水脱脂棉于巢门喂水时，可以通过观察工蜂在巢门采水的状况来判断巢温。如果有多只工蜂在巢门内侧采水，表明巢温正常；如果看不到工蜂采水，表明蜂巢内的温度较低。如果很多工蜂围在巢门外侧采水，同时还振翅扇风，表明蜂群群势变强，蜂巢内的温度较高。

75. 春季蜂群放在什么地方好？

春季放蜂场地选择交通方便、辅助蜜粉源植物多的地方，最好有主要蜜源如椴树等，这样既能保证蜂群的繁殖还能采到商品蜂蜜。蜂群应摆放在背风向阳的高地，同时要考虑人、蜂的安全。远离患病的蜂场，距离蜂螨寄生严重的蜂场 10 千米以上，远离有毒有害的工厂、矿山以及被污染的河流。

放蜂应选择地势高、干燥、开阔、不影响人们活动的地方。提前 20 天把场地清理干净，用生石灰消毒。养蜂用具和多余的蜂箱、巢脾放在密封的室内，用硫黄熏蒸 1 次，一定注意气味散净后才能用于蜂群。蜂群开始繁殖时，蜂箱可以挨在一起摆放，方便给蜂箱保温。越冬期用过的蜂箱，要把箱内的死蜂清理干净，并用消毒过的蜂箱替换，减少蜂群患病机会。春季摆放蜂群主要考虑安全，便于管理，应靠近蜜粉源植物或蜂群繁殖条件好的地方。

76. 春繁时，个别带过产卵节制套的蜂王正常产卵一段时间后，开始产雄蜂卵是什么原因？

在越冬蜂繁殖结束后，为了控制蜂王无效产卵，避免越冬蜂泌浆哺育幼虫，削弱体质，会人为给蜂王带节制套，以禁锢蜂王腹部，使其腹部无法自由活动伸入巢房底产卵，达到控产的目的。此时的蜂王因没有停止产卵而腹部膨大。由于节制套很小，给蜂王带节制套有一定的难度，所以人为强行带套会伤害蜂王。此外，解除蜂王节制套的时间不一致，有的在完成补喂越冬饲料时进行，有的在蜂群越冬前进行，有的在来年春季蜂群出窖开繁时进行。蜂王带节制套时间长达1～6个月。

人为强行给蜂王带节制套，以及节制套长期禁锢蜂王腹部的活动，致使个别蜂王腹部内的生殖器官受损。来年春繁时，就会出现个别蜂王不产卵，或产卵不集中、产雄蜂卵，或先产一段时间受精卵后，又产未受精卵的现象。

77. 春繁时，使用几次杀螨药后为什么还是不断死蜂？

首先考虑蜜蜂螨药中毒死亡。施药剂量超标、间隔时间短、次数过多，或天气不良使施药蜜蜂不能出巢飞行，或某批次杀螨药安全性不达标等，都会引发蜜蜂中毒而陆续死亡。也可能是以下一些原因造成死蜂：

（1）蜜蜂自然死亡。越冬蜂群中蜜蜂个体体质有差异，故自然死亡的时间也不一致，导致越冬前、越冬期、春繁期、越冬蜂交替期都会有蜜蜂陆续死亡。

（2）围王互杀死亡。施用杀螨药时，蜂王受到螨药的刺激而反应活跃，引起工蜂的敌视，进而排斥蜂王相互围攻致死。

（3）消化不良死亡。春繁时，出现长时间的低温寒潮天气，蜜蜂不能出巢飞翔排泄，导致蜜蜂后肠储存的粪便超量，腹部膨大，不能飞翔，陆续爬出巢外死亡。

（4）采水受冻死亡。为满足蜂巢对水的需求，蜜蜂出巢采水，低温致使蜜蜂冻死在蜂巢外。

78. 越冬后群势小的蜂群如何开繁？

早春气温低，繁殖环境恶劣，群势小的蜂群繁殖慢，需要人为增加一些促繁的措施。例如，撤出多余的空脾，使工蜂密集、紧凑；只能留1张脾的蜂群，巢脾上存蜜要多一些；将花粉用水泡软，捏成小饼状放在框梁上；做好箱内和箱外的保温。有2种方法能帮助小群繁殖：

（1）蜂群排泄当天，从群势比较大的蜂群提1～2框工蜂，直接补给小群，注意不能带蜂王。4月下旬，大群有大量新蜂出房时，把大群正在出房的封盖子脾和小群的子脾互换，注意不能带蜂。换入小群的子脾数量一定要适当，保证全部子脾能被小群的工蜂保护。

（2）蜂群开始繁殖时，把巢箱用大隔板隔成两个空间。两侧空间各开一个巢门，两个群势相当的小群放在一个箱内组成双王群，以增加小群对不利环境的抵抗力，促进其繁殖。

79. 北方地区春繁时的蜂脾关系如何？

北方地区蜂群开始繁殖时，外界气温比较低，寒潮天气使夜晚温度有时在0℃以下。蜂群经过一个漫长的冬季，工蜂体力下降，哺育力和产热能力降低。蜂群开始繁殖且群内有子脾以后，就要把巢内育子区的温度保持在34～35℃。密集的工蜂和适当的蜂箱保温措施，可以帮助蜂群抗寒，加快繁殖，节省饲料。

春繁时，小群的蜂脾关系应该是蜂多于脾，2框蜂以下的蜂群放1张脾，3框蜂的蜂群放2张脾。大群的蜂脾关系为蜂略多于脾，4框蜂的蜂群放3张脾，5框蜂的蜂群放4张脾。大群的抗寒能力比小群强，大群可以比小群的蜂脾关系松一些。

春繁开始时，留在蜂群内的巢脾要适合蜂王产卵，且有充足的饲料。巢脾上不但要有蜜，还要有花粉，缺少花粉会影响蜂群繁殖。巢脾上如果没有花粉，则需要人工饲喂，直到蜂群能采回花粉。

80. 春繁时为什么要紧脾？

春季蜂群繁殖时要适当紧脾，低于 3 框蜂的蜂群要蜂多于脾，4 框蜂以上的蜂群要蜂略多于脾，5 框蜂以上的蜂群至少蜂脾相称。

（1）春季气温低，经常有寒潮天气，蜂群培育幼蜂时需要把巢温维持在 34～35℃，紧脾能有效保证幼蜂发育。

（2）经过一个冬季蜜蜂体质虚弱、死亡率高，这个时期新蜂还未培育，如果不紧脾老蜂死亡增加，就会出现子脾没有工蜂保护，暴露的子脾因温度低而被冻死，出现“拖子”现象。

（3）越冬后的工蜂哺育能力差，1 只工蜂只能哺育 1.12 个幼蜂。如果不紧脾，群内子脾多于工蜂数量时，有的幼蜂得不到充分哺喂就会死亡，即使能够正常羽化出房，也会出现成蜂体质弱、寿命短。

81. 多大群势的蜂群才能加边脾？

蜂群达到 4 张子脾时，就应该加边脾。

蜂群有 4 张大面积子脾时，消耗的饲料增多，当从外面采回来的蜜粉不够蜂群食用，就会开始食用蜂群内贮存的饲料。如果蜂群子脾边角贮存的饲料数量不多，就必须加 1 张贮存满饲料的边脾，以防蜂群缺饲料而出现“拖子”。

蜂群从外界采回的蜜粉多时，需要有空巢房贮存，导致与蜂王产卵争巢房，出现蜜粉压缩子脾的现象，给蜂群加 1 张边脾贮存蜜粉就会解决这个问题。有的蜂群达到一定群势，养蜂者不给蜂群加边脾，蜂群自己会在最外侧的巢脾多贮存饲料，少育幼蜂，把这张脾变成装满蜜粉的边脾。

82. 春季什么样的蜂群能加脾？

蜂群中巢脾全部变成子脾，加 1 张产卵脾后，蜂脾关系能达到蜂脾相称或脾略多于蜂，就可以加第 1 张产卵脾。春季给蜂群加产卵脾，需要注意两个方面：一方面是蜂王没有产卵的空间，另一方面是工蜂数量足够多加脾后能护住所有巢脾。

蜂群开始繁殖后 21 天，新蜂开始出房，老蜂不断死亡，到新蜂全部替代老蜂这段时期称为“恢复期”。新出房工蜂增多，群势增大，蜂群进入“增长期”。一般情况下，蜂群在恢复期不加脾，如果蜂群开始繁殖时蜂数比较多，外界气温达到 20℃左右，蜂群内子脾多且 50％以上是封盖子脾，则可以考虑加 1 张产卵脾。蜂群进入增长期，就可以正常加脾繁殖。

春季检查蜂群，发现在隔板外有工蜂聚集，并修筑了赘脾，甚至在赘脾上开始贮蜜或者有蜂王产卵，这样的蜂群则需要加脾。

83. 春季蜂群达到什么标准时开始修脾？

蜂群进入增长期，群势达到 5 框蜂就可以加巢础修脾。想让蜂群尽快修出优质新脾，蜂群还要具备一定的条件：蜂群繁殖好、群势增长快，蜂脾关系为蜂脾相称或蜂略多于脾，蜂群需要加脾扩巢；外部环境适宜，天气温暖、气温稳定，辅助蜜粉源植物开花好，工蜂能采集回花蜜、花粉；蜂群饲料足，子脾边角装满蜜粉，边脾也装满蜜粉，但应注意缺蜜群一定要喂足。

修脾时，先把巢础框加在子脾和边脾之间，等新脾修好蜂王开始在上面产卵，再移到蜂巢中间。强群可以直接把巢础框加在蜂巢中间。修脾要使用优质的巢础片和标准巢框，安装巢础片时大小应合适且不能变形，并防止蜂群修造雄蜂巢房。

84. 春繁开始后为什么要给蜂群喂花粉?

蜂群繁殖时需要两种饲料，一是蜂蜜，二是花粉。春繁时，避免只给蜂群留足蜜而不提供花粉。

蜂蜜是碳水化合物，给成年蜂和幼虫提供能量。幼虫各组织器官发育所需的蛋白质、脂肪、氨基酸、维生素及其他微量元素，都是从花粉中获得。蜂群内没有花粉，幼虫就不能正常生长发育成为封盖蛹。春季缺花粉的蜂群，封盖子脾很少，不能培育出大量的新蜂，新老蜂交替缓慢，很容易造成“春衰”。长白山区的蜂群从 3 月中旬开始繁殖，直到 4 月 10 日左右柳树开花，有 20～30 天的时间不能从外界采集到满足繁殖需要的花粉，因此春繁必须给蜂群补喂花粉，让蜂群内的幼蜂得到充足的饲料，顺利发育成新蜂。

85. 春季怎样给蜂群补喂花粉?

早春蜂群繁殖时，外界没有蜜粉源，需要补喂花粉。有的地区椴树蜜结束后以及繁殖越冬蜂时缺粉，也需要补喂。

给蜂群补喂花粉，要保证质量，不含病原。优先选择自己蜂场生产的花粉，来源不明的花粉慎用，有条件的蜂场一定要对花粉做灭菌处理。

补喂花粉的方法很多。开水晾到 30℃左右加入少量蜂蜜，倒入花粉中搅拌，让花粉表面都沾有蜜水，搅拌后的花粉用干净容器密闭 12 小时，以手指轻碾能变成柔软的面状为宜。还可以采用以下方法：

（1）把泡好的花粉加入糖浆中，1 500 克糖浆加入 500 克花粉，根据蜂群的群势，夜晚用饲喂器把混合好的花粉糖浆喂给蜂群。

（2）在蜂群隔板外放饲喂器，夜晚加入 200 克左右泡好的花粉让工蜂取食，待工蜂取食完毕后再重新加入花粉。

（3）根据蜂群的群势，取 50～200 克泡好的花粉做成饼状，用保鲜膜包好，保鲜膜上扎一些小孔，放在巢脾上梁供蜜蜂取食，反复添加花粉直到蜂群自己采回花粉。

（4）根据缺粉时间长短、蜂群群势制作花粉脾。选取1张适合蜂王产卵的空脾，把泡好的花粉灌入巢房，用手压实，再用毛刷刷一层蜜水即可。人工花粉脾适合春季缺粉时间长、3框蜂以上的蜂群，花粉脾要在夜晚加入蜂群，以防引起盗蜂。

86. 柳树花期蜜粉压子怎么办？

蜜粉压子是好事。柳树花期寒潮天气比较多，应在晴暖天气防止蜜粉压子，在阴冷天气防止蜂群挨饿。

柳树花期进蜜、进粉特别好，应在晴暖天气挨着隔板的位置加1张空脾贮存蜜粉，蜜粉贮存满后撤出再重新换入空脾。寒潮来临时，要撤出加在小群里的这张脾，防止因小群工蜂数量少而影响蜂群保温。群势大、进粉特别好的蜂群，可以安装脱粉器适当脱粉。5张脾以上的蜂群，需要加产卵脾时，可以加巢础修脾，巢础先加在子脾和边脾之间，等新脾修好蜂王开始在上面产卵后，把新修的脾移到蜂巢中间让蜂王继续产卵，扩大子脾面积，新脾的边角用来贮存蜜粉。

87. 4月末外界不进蜜，蜂群内缺蜜怎么办？

到4月末，蜂群繁殖已经1个月左右，新蜂出房多、子脾多、饲料消耗快，此时蜂群缺饲料属正常现象。蜂群缺饲料需要及时给蜂群补喂饲料，且补喂饲料一定要在夜晚工蜂停飞后进行，防止起盗。

如果有上一年剩余的蜜脾，把蜜脾封盖部分用刀割开，夜晚把蜜脾加在隔板旁，让工蜂把蜜倒入群内，1～2天后把空脾取出。没有蜜脾时，在靠近隔板位置加1个饲喂器，夜晚喂1～1.5千克糖浆（5千克白糖加2.5千克水溶解）。每次饲喂糖浆的量根据群势来定，能让工蜂一晚倒完即可。春季补喂饲料一定要喂糖浆，不要喂蜂蜜，蜂蜜气味浓容易引起盗蜂。

4月末有时也缺花粉，可以在隔板外加花粉脾。没有花粉脾时，把花粉用温开水泡软，做成小饼状后放在巢框上梁供工蜂取食。

88. 意蜂出窖第1代子出完后，蜂多于脾时贴蜜脾还是饲喂奖励糖浆？

有蜜脾的情况下贴蜜脾好。第1代子已经出完，说明蜂群已经繁殖近1个月，如果蜂群还是蜂多于脾，且外界气温高的话，应该加脾扩巢。贴1张蜜脾，既补充了饲料，又能使蜂王马上在这张脾上产卵，1周内就会增加1张子脾。贴封盖蜜脾，要把中下部的蜜盖割开，然后放在子脾的外面。

奖励饲喂可以提高蜂群繁殖积极性，刺激蜂王产卵。贴蜜脾和奖励饲喂糖浆，均要在夜晚工蜂停止出巢后进行，尤其注意不要把糖浆洒在箱外，防止发生盗蜂。奖励糖浆要连续饲喂，每天奖励250克。蜂群缺饲料又可以加脾时，提前把能产卵的巢脾灌满糖浆，控干巢脾表面的糖浆，夜晚加入蜂群。这样在加脾扩巢的同时，又补喂了饲料，工蜂取走糖浆后蜂王马上会在这张脾上产卵。

89. 春季能分蜂吗？

春季可以人工分蜂。春季分蜂最好用产卵王，做到分出一群形成一群。5月1日前后人工育王，处女王出房后，先组织小交尾群，等新王产卵后再分蜂。

分蜂要保证原群在分蜂后仍然能繁殖成强群，不影响生产，新分群也能繁殖成强群生产蜂蜜。分多少群蜂，应根据自己的饲养目的确定。以扩大蜂场规模为目的可以多分一些；以采蜜为目的则少分一些，且要分强群。

新分群都是幼蜂，前期要补足饲料。新分出的蜂群，老蜂会飞回原群，所以抖蜂时应保证让剩下的工蜂能护住子脾。新分群弱，要注意预防盗蜂。

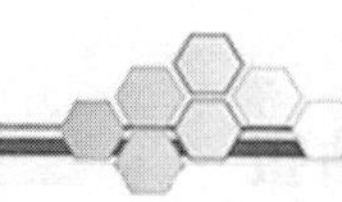

五、椴树蜂蜜生产

90. 培育采集椴树蜜的适龄蜂从哪天开始？

长白山区，蜂王在5月15日至6月20日产卵，培育出来的工蜂都能参与椴树蜂蜜生产。

这段时间气温逐渐升高并稳定，外界开花植物种类繁多，工蜂哺育力增强，蜂群群势增长快。解除保温措施后，蜂脾关系由紧向松过渡，每张脾最少不低于五成蜂，根据蜂王产卵速度隔3～5天加1张产卵脾，多增加子脾。蜂群饲料不足时要及时补喂，保证所加的产卵脾都能变成子脾。择机加巢础修脾，小群用大群补，组织双王群预防自然分蜂。巢箱满箱后，叠加继箱繁殖，以强群采蜜。

91. 采椴树蜜时双王群需要合并吗？

为了多采蜜，需要减少蜂群的哺育工作，让更多的工蜂参与采蜜、酿蜜，因此双王群应该合并。

6月20日左右椴树开花后，把双王群中的1只蜂王带1张蜜粉脾、2～3张卵虫脾组成新分群。原群去除隔离物合并成一个大群，调整后投入采蜜。这样做的好处是合并后的大群能够多采蜜，新分出的小群也能够繁殖成越冬群。

如果不想分群，把2只蜂王留在一起，在椴树开花前3～5天，把巢箱用大隔板隔成两个区，每个区开一个巢门并放1只蜂王及2张巢脾。巢箱上加隔王板，隔王板上放继箱，剩下的巢脾都放入继箱，一个继箱放满再叠加另一个继箱。采蜜期，巢箱内每只蜂王仅在2张脾上产卵，需要经常清理隔板外修造的多余赘脾。采蜜后期，给蜂王增加产卵脾，恢复蜂群繁殖状态。

92. 小群怎样采椴树蜜？

小群可以利用集中外勤蜂和集中老蛹脾的方式采椴树蜜。

（1）**集中外勤蜂。**把摆放在一起的2个小群搬走一群，外勤蜂在采蜜回来后仍会飞回原来位置，进入留在原位置的蜂群。一个蜂群集中2个小群的采集蜂，能多产蜜。集中外勤蜂的方法要在开始进蜜后使用，防止留下的蜂群被围王。留在原位置的蜂群，根据进入的蜂数适当加入巢脾。

（2）**集中老蛹脾。**在椴树开花前5～10天，把蜂场内的小群分成两类，群势稍大一些的作为集中群，群势稍小一些的作为被集中群。在被集中群中找到新蜂即将出房的老蛹脾，然后与集中群中的卵虫脾互换，注意不要带工蜂。每个集中群换入2～3张老蛹脾，新蜂出房后群势会增加3～5框蜂，记住要适当加巢脾。

93. 怎样组织采椴树蜜蜂群？

椴树开花后，适当调整蜂群，限制蜂王产卵，减少内勤蜂，增加外勤蜂，由繁殖向采蜜转移。组织采蜜群有处女王采蜜、加隔王板采蜜、幽闭蜂王采蜜等多种方式。采蜜群的蜂脾关系最好是蜂脾相称或脾略多于蜂。常用方式有2种：

（1）**加隔王板采蜜。**在巢箱上加平面隔王板，将蜂王限制在巢箱内，给蜂王留3～5张巢脾，其余巢脾放在继箱内，一个继箱放满再叠加另一个继箱。摇蜜时巢箱里的脾不动，只摇继箱里的蜜。每次摇蜜时都要清理巢箱里的赘脾。摇蜜后期适当给巢箱调入产卵脾，以使蜂群在摇蜜结束后及时进入繁殖状态。

（2）**幽闭蜂王采蜜。**椴树开始进蜜时，用王笼把蜂王囚住，并以铁丝系牢挂在巢箱子脾中间。蜂群内巢脾不动，装满蜜后正常取蜜。流蜜后期放出蜂王恢复产卵，蜂王放出 10 天后检查其产卵是否正常。部分蜂王幽闭时间长，易产雄蜂卵。囚王期间，要注意清理蜂群内的王台。

94. 摇椴树蜜前一定要清框吗？

不是必须要清框，但是为了保证椴树蜜的纯正，摇椴树蜜前有必要清框。椴树蜜是东北长白山、完达山、小兴安岭等山区特色蜂蜜，花香浓郁、清澈透亮，结晶后洁白如雪。混入其他花蜜会影响椴树蜜的品质，进而影响其售价和销量。

在确定椴树流蜜或蜂群已经开始进蜜 1～2 天后，把蜂群内原有的存蜜全部用摇蜜机摇出，单独存放。生产成熟封盖蜜脾要用新修的巢础，或用巢房没有存过蜜的巢脾。

95. 几天摇一次蜜合适？

摇蜜频率没有明确的标准，摇蜜时间要根据蜂群的进蜜速度和生产需要来确定。群势强、进蜜好，巢脾装满蜜的时间就短。早上摇的蜜比下午摇的蜜波美度高。

生产 40 波美度以下的蜜，蜂群进蜜 3～5 天继箱巢脾装满蜜，蜜脾还没有开始封盖就可以摇蜜了。生产 41 波美度以上的蜜，蜂群进蜜 5～7 天继箱巢脾装满蜜，每张蜜脾的上部至少有 5～10 厘米宽的封盖。

生产成熟封盖蜜的蜂场，流蜜期不用摇蜜，等所有蜜脾都封盖、流蜜期结束后统一处理。当第 1 继箱巢脾装满蜜开始封盖，而蜂群继续进蜜时，把贮蜜第 1 继箱取下，原位置重新加带贮蜜巢脾的第 2 继箱，装满蜜的第 1 继箱放在第 2 继箱上面，工蜂会继续酿造第 1 继箱蜂蜜至封盖。新采回来的蜜装在第 2 继箱，如果第 2 继箱里的蜜脾开始封盖，同时进蜜情况依然良好，则再加第 3 继箱继续贮蜜。

生产成熟封盖蜜最好用浅继箱。生产成熟封盖蜜期间，要经常处理巢箱里的赘脾，贮蜜的脾最好用新修的脾，这样能使蜜脾洁白美观。

96. 椴树不流蜜怎么办？

椴树流蜜有大小年之分，也有绝产的时候。确定本地椴树不流蜜，应该马上采取措施，通过各种渠道了解其他地区椴树流蜜情况，一旦发现有进蜜好的地方，马上把蜂群转运过去采蜜。如果找不到好的场地转场，就改变策略把蜂繁殖好，准备采集下一个蜜源，增加蜂群数量也是一笔收入。

椴树不流蜜的场地，辅助蜜粉源也不会令人满意，此时要注意给蜂群补喂饲料。

97. 提高椴树蜜产量的管理要点是什么？

在长白山区，椴树蜜是全年蜂蜜生产的重中之重，要获得高产椴树蜜，蜂群管理上还必须采取一些相应的措施：

（1）饲养适合本地气候、蜜粉源条件的高产型蜂种。

（2）春季保持 5 框蜂以上的群势开始繁殖，未达标的蜂群补充加强或合并。

（3）椴树开花流蜜前约 40 天，大量培育高质量的椴树蜜采集适龄蜂，保证椴树花期群势强、采集蜂多且适龄。

（4）椴树开花流蜜前 10 天，控制蜂王产卵，以保证在流蜜期蜂巢内无卵虫，减轻内勤蜂工作负担，让更多的工蜂参与采蜜、酿蜜。在流蜜盛期，放出蜂王产卵，刺激外勤蜂的采集积极性。

（5）提前制订培育和利用新蜂王的计划，适时扩大箱体，避免蜂巢内拥挤，遮阴通风，预防分蜂热。

（6）结合地域、气温、雨水、椴树花蕾及流蜜大小年规律等因素，选择放蜂场地，同时关注各地椴树开花后的泌蜜信息，随时转场到椴树流蜜量高的放蜂场地，实现椴树蜜高产。还要及时关注天气预报，为蜂群管理、转场、场地选择、调整取蜜时间等做参考。

（7）根据不同的蜂蜜质量要求，及时取蜜。

98. 椴树流蜜后期如何管理蜂群？

椴树流蜜后期，蜂群从采蜜为主向繁殖为主过渡。到7月中旬，蜂群日进蜜量减少，表明椴树流蜜期即将结束，应恢复蜂群繁殖。此时，对于囚王采蜜的蜂群，应放开蜂王恢复产卵；用隔王板限制蜂王的蜂群，向有王区加产卵脾；检查蜂群，确定所有蜂群的蜂王产卵正常，无王群马上介绍产卵王；最后一次摇蜜不要摇净，给蜂群留一些边角蜜；群势下降严重的，撤出多余的空脾，紧脾繁殖，每张脾上保证有七至八成蜂；大群多的蜂场适当分群，用大群把小群补强，为采集下一个蜜源以及繁殖越冬蜂做准备。椴树流蜜期结束有的地区缺花粉，应及时寻找新的放蜂场地或补喂花粉，同时注意预防盗蜂。

99. 椴树流蜜期结束蜂群为什么要转场？

椴树场地多数在林木茂盛的山区，到7月下旬开花的植物减少，只有少量的草本植物开花，蜂群采回的花蜜、花粉随之减少，无法满足蜂群繁殖的需要，繁殖效率降低。因此椴树流蜜期结束后，以繁殖为主的蜂场应转地到辅助蜜粉源多的场地，以采蜜为主的蜂场应转地到下一个主要蜜源如油菜、葵花、荞麦等场地。

100. 流蜜期间在蜂箱上叠或不叠透风口，对高浓度蜜的成熟快慢是否有区别？

有区别。因为蜂箱上叠透风口可以增强蜂群内的通风，尽快带走蜂巢内的湿气，加快蜂蜜水分的蒸发，促进蜂蜜酿造及成熟。这些是养蜂实践中的经验，尚未有实验支持，仅供参考与商榷。

101. 单王群和双王群在蜂群数量、蜜源相同的情况下采蜜量是否有区别?

有区别。如果双王群和单王群都不做处理，群势一致，那么单王群采蜜量一定比双王群多。双王群是 2 只蜂王产卵，群内子脾比单王群多，内勤蜂负担重，投入采集的工蜂数量相对少。如果进入采蜜期后撤走双王群的 1 只蜂王和部分卵虫脾，减轻内勤蜂负担，让大部分工蜂投入采集工作，则因为双王群封盖子脾多，后备力量足，采蜜量可能会超过单王群。

102. 14 框大蜂箱养双王发展成 20 框以上的蜂群，产蜜量是否会高?

采用 14 框大蜂箱养双王发展成 20 框以上的蜂群，从群势上看很强壮，但要实现蜂蜜高产，还必须采取一些相应的管理措施，否则效果不明显。

（1）大流蜜期到来时，蜂群要强壮，还要培育出比例高、质量好的采集适龄蜂。采蜜的主力是出房后 20 日龄左右的工蜂，如果流蜜期适龄采集蜂比例小，即使群势强壮也不会高产。一定要在主要蜜源大流蜜期前 40 天，有计划地加强蜂群管理，培育采蜜适龄蜂。

（2）流蜜期前 10 天幽闭蜂王控制产卵，进入流蜜期，群内无哺育幼虫的负担，可以解放更多的工蜂集中到采集和酿蜜工作上。到流蜜盛期，再解除幽闭的蜂王，恢复其产卵，刺激蜜蜂的采集酿蜜积极性，提高蜂蜜产量。

（3）预防发生分蜂热，有计划地培育利用新蜂王，扩大箱体进行通风，并做好遮阴散热管理，使蜂群在流蜜期保持正常状态采集酿蜜。

（4）保持蜂脾相称，或脾略多于蜂的蜂脾关系，避免巢脾过多占用蜜蜂清理巢房而影响酿蜜。

103. 大流蜜期不用覆布和纱盖，巢门大开，对蜜蜂自身及蜂蜜的浓度是否有影响？

整个养蜂季节都要盖纱盖，如果不用覆布和纱盖，蜜蜂会进入蜂箱大盖，破坏蜂群生活环境，也不方便开盖管理蜂群。大流蜜期，扩大巢门和撤去覆布对蜂群有利，既方便采集蜂进出蜂巢，也可以加强蜂群通风，加快蜂蜜水分的蒸发，促进蜂蜜酿造。蜜蜂习惯蜂巢黑暗，所以不要长时间不盖覆布。

104. 是否有提高割蜡盖效率的方法或工具？

条件允许的话，可以提前准备一定数量的空巢脾，取蜜时用空巢脾替换蜂群中的蜜脾，并集中放置在密闭、干净的房间内，保持房间温度在41℃左右，此时再割蜡盖和取蜜即便利很多。待蜂群内的蜜脾封盖达标后，再用取完蜜的空脾替换，重复操作。

现在很多厂家生产的电动加热割蜜刀等工具，方便实用，割蜡盖效果很好。

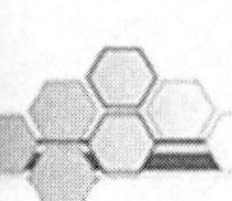

六、秋季蜂群繁殖

105. 选择秋季蜜源场地要考虑哪些条件？

丰富的蜜粉源植物是蜂群繁衍的食物来源，更是蜂群发展的必要条件。到了秋季，蜂群经过椴树蜜生产期，群势不同程度的削弱，蜜粉源植物不断减少，养蜂将由生产转向繁殖阶段。

为了满足蜂群繁殖所需要的食物来源，就必须把蜂群从夏季生产蜂蜜的深山区，转移到有丰富蜜粉源的秋季繁蜂场地。在选择秋季蜜粉源场地时，要着重选择蜜粉源植物较丰富的浅山区或丘陵地带，附近要有蜜粉源种类多的大面积旱草甸，最好还能兼有可以给蜂群提供蜜粉的农田作物，如玉米、向日葵、瓜类等，保证距蜂场半径 2～3 千米范围内都有可以利用的蜜粉源植物。蜂场要远离村庄、养殖场、饲料加工厂、食品加工厂、化工厂等，还要远离患病和蜂螨寄生严重的蜂场，以免给蜂群造成不利的影响。蜂群摆放在高处，注意人蜂安全。

106. 如何利用好秋季各阶段蜜粉源植物来繁殖蜂群？

丰富的蜜粉源植物是保证蜂群发展壮大的基础。东北长白山区，7 月下旬椴树蜜结束，蜂群就进入了秋季繁殖阶段。利用好各阶段的蜜粉源，适时抓好蜂群的管理，可以高效地促进蜂群生产和繁殖。

7 月下旬至 8 月初，主要有蚊子草、轮叶婆婆纳、落豆秧、柳兰等蜜粉源植物开花。这个阶段外界气候温暖，蜂群进蜜、进粉旺盛，根据群势情况要适当地抽出多余的巢脾、平衡群势，蜂脾关系保持在蜂略多于脾。同时抓住气候、蜜粉源的有利条件，培育蜂王，修造新脾，生产各类蜂产品等。

8月上中旬，蜜粉源植物主要有胡枝子、向日葵、荞麦等。这个阶段气候温暖，蜜粉丰富，要继续抓好蜂群的繁殖，以强补弱、平衡群势，蜂脾关系保持在蜂脾相称。在抓好蜂产品生产的同时，一定要打好繁殖越冬蜂的群势基础。

8月下旬至9月上旬，开花的蜜粉源植物主要有蓝萼香茶菜、地榆、香薷和菊科等一些野草杂花。这个阶段外界气候昼夜温差较大，开花的蜜粉源植物逐渐减少，必须抓好繁殖越冬适龄蜂的工作。根据蜂群群势情况，要及时撤脾缩巢，蜂脾关系由蜂脾相称向蜂略多于脾过渡，保持饲料充足，预防盗蜂，防治蜂螨。

107. 秋季蜂群管理主要抓好哪些工作？

蜂群经过夏季生产，群势不同程度的削弱，蜂巢内部的繁殖环境发生紊乱。需要充分利用好秋季气候、蜜粉源的有利条件，尽快将蜂群调整为正常的繁殖状态，及时抓好秋季蜂群管理，提高蜂群繁殖效率。秋季前期，主要抓好培育蜂王、防治蜂螨、整理蜂巢、平衡群势、紧脾缩巢、修造新脾和生产蜂产品工作。秋季中期，主要抓好更换蜂王、贮存饲料、合理生产和繁殖越冬蜂工作。秋季末期，主要抓好防止盗蜂、适时囚王断子、防治蜂螨、补喂越冬饲料和布置越冬蜂巢等工作。

108. 秋季为什么要整理蜂巢？

秋季蜂群由采蜜生产向繁殖工作转移，蜂群通过前期的采蜜生产，蜂巢内部的结构已经失调。为了发挥蜂王的产卵力和工蜂的哺育力，促进蜂群快速发展，保持蜂群处于最佳的繁殖状态，就要及时进行蜂巢整理，以提高繁殖效率。

整理蜂巢，要保证每个继箱采蜜群达到12框蜂、7～8张子脾，平箱繁殖群达到7框蜂、5～6张子脾。不足时，要合并蜂群、以强补弱、调换子脾，力争达到秋季蜂群繁殖和生产的基础标准。始终保持蜂群饲料充足，蜂脾关系由脾多于蜂逐渐向蜂脾相称过渡。

109. 秋季蜂群为什么要平衡群势？

平衡群势是秋季蜂群繁殖的重要手段。在养蜂生产阶段，养蜂者的主要精力是抓蜂群采蜜，无暇对蜂群进行及时管理，甚至为了提高采蜜量，蜂群还要控制蜂王产卵。花期结束后，蜂群经过采蜜消耗，不同程度出现群势强弱不均、子脾数量不均、蜂王产卵力与工蜂哺育力比例失调等情况。秋季平衡群势，就是要调整、改变花期结束后的蜂群现状，采取合并弱群、以强补弱、调换子脾、平衡饲料等措施，使每个蜂群的蜂数、子脾数、饲料数达到基本均衡，让蜂王的产卵力和工蜂的哺育力保持相对平衡，以提高蜂群繁殖效率。

110. 秋季是否还能分群？

正常情况下，蜂群到了秋季受到不利气候和蜜粉源的影响，蜂群正处于消长规律的下降阶段，本身没有自发的分蜂情绪，不建议再进行人工分群。

如果到了秋季全场蜂群经过生产期后群势下降程度不明显，仍然保持比较强壮的群势，还计划要发展蜂群数量，扩大养蜂规模，可以在保证原群繁殖越冬蜂群势的基础上，酌情分出一些蜂群。新分群用的蜂王，一定要提前培育出来。分群时，可以利用强群联合分群，2～3个强群分出一个新分群。分群要在8月上旬完成，以保证新分出来的蜂群经过繁殖也能达到越冬的群势。

111. 秋季的新分群怎样管理才能促进其繁殖？

秋季气温逐渐下降，蜜粉源逐渐减少，受这些不利于蜂群繁殖的条件影响，人工分群时一定要着重考虑全场蜂群的总体群势，再确定要分出来的蜂群数量，并能保证新分群的基础群势。分群工作要在秋季前期完成，保证有足够的繁殖时间，为繁殖越冬蜂打好群势基础。新分蜂群，保证群势 5 框蜂、4 张虫蛹脾以上，蜂脾关系调整为蜂脾相称。新分蜂群始终保持蜜粉饲料充足，外界进蜜不好时应及时奖励饲喂，适时修造新脾。每 10 天左右从大群中抽调蛹脾补给新分群，连续补充 2 次，确保新分群繁殖成强壮的越冬蜂群。

112. 秋季蜂群是否还能修造新脾？

巢脾是蜜蜂栖息、繁衍、生活、贮存饲料的场所，是蜜蜂居住生活的家。秋季前期当外界气温较高、蜜粉源丰富、进蜜较好时，可以充分利用蜂群泌蜡造脾的积极性，适时加巢础修造新脾，供蜂王产卵。随着外界气温逐渐下降，蜜粉源减少，就不能再修造新脾了。蜂群由使用浅色巢脾，逐渐向使用优质的褐色巢脾过渡，及时淘汰劣质和老旧巢脾，保证幼蜂在优质的巢房中健康发育。

113. 秋季蜜源结束后为什么要给蜂群断子？

在当地最后一个蜜粉源终止后，繁殖越冬蜂的工作已经结束。此时，如果不进行人为干预给蜂群断子的话，蜂王会继续产卵，越冬蜂会被迫参加哺育幼虫工作。这样一来，不仅要消耗越冬蜂的体质、降低越冬蜂的质量，还要浪费蜜粉饲料，也缩短了蜂王的有效利用时间。为了避免蜂群这种无益的繁殖活动，在繁殖越冬蜂工作结束时，要人为限制蜂王产卵给蜂群断子，以保证蜂群安全越冬。

常用的方法是：利用框式王笼或加长隔离栅王笼幽闭蜂王，幽闭蜂王的巢脾放在蜂巢中间位置，工蜂能自由出入王笼。喂完越冬饲料后，放出蜂王。此法效果好、安全。

114. 秋季关王断子到越冬前放王怎样做才能不围王?

为了降低囚王后放王发生围王的风险，放王时手不要接触蜂王。每放一只蜂王后需要用清水洗手，手干后再放下一只蜂王。在蜂群管理上，可以采取以下一些措施：

（1）采用加长型王笼或“十”字形王笼囚王。大王笼增加蜂王的活动空间，利于蜂王与工蜂充分接触，让蜂王信息素及时传递到蜂群的各个角落，抑制工蜂的卵巢发育，维持蜂群稳定，使被囚禁的蜂王与工蜂和平共处。

（2）在饲喂越冬饲料的中、后期放王。此期工蜂还在搬运酿造饲料，相互之间协作进行食物交换，蜂王信息素在工蜂间充分传递，工蜂警惕性降低，放王安全。另外，蜂巢内所有的巢脾都已经装满了饲料，并开始陆续封盖，放出来的蜂王不能大量产卵。

（3）利用标准剂量的杀螨药水剂喷雾治螨，混合蜂巢气味，同时放王。需要注意的是，施药治螨要选择天气晴好、温度高的上午，利于蜜蜂受到螨药的刺激后能出巢飞行，避免蜜蜂发生慢性中毒而造成损失。

（4）在越冬前放王。此时温度低，蜜蜂活动受限，警惕性低，放王安全。

115. 秋季蜂王被囚 1～3 天死在王笼内是什么原因?

蜂群秋季囚王，1～3 天就死在王笼内，应该是被工蜂围死的。蜂王被围攻，多是操作方法不当引起，特别是多群连续囚王操作，就会导致多群蜂王被围攻死亡。

当对一群蜂实施囚王操作时，手接触到了蜂王，沾有了蜂王的气味，紧接着再对另一群蜂实施囚王操作，致使该群蜂王气味发生了改变。当把囚王笼放入蜂群中，工蜂对蜂王产生了敌意，开始围攻蜂王，几天内就会将蜂王围死在王笼内。

为了避免囚王时发生围王，建议每囚一只蜂王后用清水洗一下手，手干后再进行下一群蜂的囚王操作。囚王使用四季王笼，让工蜂能自由出入饲喂蜂王。

116. 秋季养蜂怎样紧脾缩巢？

蜂群通过生产期的采蜜消耗，蜂巢出现了脾多、蜂少现象，蜂脾比例失调，蜂王产卵力和工蜂哺育力失去了平衡。为保证秋季养蜂生产和蜂群繁殖，要根据当地气候、蜜粉源、蜂群的具体情况，适时紧脾缩巢，撤出多余的浅色、老旧空脾，以适应外界气候和蜜粉源的变化，促进蜂群快速繁殖。秋季前期，蜂脾关系保持脾多于蜂的比例。秋季中期，蜂脾关系由脾多于蜂向蜂脾相称过渡。秋季后期，蜂脾关系由蜂脾相称向蜂略多于脾过渡。

117. 秋季怎样处理蜂群能防止花粉压缩子脾？

根据天气情况，利用巢脾控制蜜蜂贮粉。晴天扩巢加产卵脾时，最好选用浅色优质巢脾，较强蜂群还可以加入新脾或巢础框修造新脾。连续低温、阴雨天扩巢加产卵脾，改用有边角蜜粉圈的深色巢脾，同时将有花粉的边脾移到隔板外侧，让蜂群消耗被压子脾上的花粉，利于扩大子圈，天气好转时再放回原处继续贮粉。

被花粉压缩较小面积的子脾，放在靠边脾位置，利于蜂群保温。巢门要对着边脾的一侧开，以适应蜜蜂采回花粉愿意贮存在靠巢门附近巢脾上的习性，同时两张边脾要经常互换位置，便于蜜蜂就近贮存花粉，减少花粉压缩子脾。

118. 秋季怎样抓好养蜂生产？

到了秋季，受气候、蜜粉源的影响，蜂群繁殖效率逐渐降低，蜂产品生产除了转地养蜂的追花采蜜，定地养蜂基本上就是繁殖蜂群。转地追花采蜜的蜂场，如计划采集向日葵、荞麦等，首先要掌握或实地考察向日葵、荞麦等蜜源的生长状况，其次要关注开花期的气候状况，在蜜源开花流蜜时进入场地采蜜。采蜜群要达到13～15框蜂、10～12张子脾标准，达不到标准的要组织采蜜群。有的蜂场在生产蜂蜜的同时，还要兼顾生产蜂王浆、蜂花粉等蜂产品。

秋季蜜源开花前、中期，在气温较高、流蜜情况较好的前提下，留够蜂群自身食物消耗，根据进蜜情况适时取蜜。秋季蜜源开花后期，流蜜量逐渐减少，在保证蜂群自身饲料充足的前提下，根据进蜜情况酌情取蜜。如果遇到蜂蜜歉收，要及时调整生产策略，果断地转入蜜源丰富的场地，降低养蜂生产损失。

119. 秋末为什么容易出现盗蜂？

蜂场出现盗蜂，主要是因为外界蜜粉源缺乏、蜂巢内存蜜不足、蜂群群势强弱不均、饲养管理不当等因素造成的。预防盗蜂，要从平时的饲养管理工作做起，要平衡群势，饲养强群，保持饲料充足。蜜粉源稀少阶段，加强防盗蜂措施，紧脾缩巢，缩小巢门，白天尽量少开箱，必要时利用早晚进行检查，多采用箱外观察。给蜂群补喂饲料要在傍晚进行，先喂强群，再从强群调蜜脾给弱群。不要将蜂蜜、糖浆洒落到箱外，洒落后要及时清洗、掩埋。饲料、蜡屑、巢脾及时密封贮存。

120. 繁殖越冬适龄蜂的最佳时期在什么时候？

受气候、蜜粉源条件影响，各地区繁殖越冬适龄蜂的时间略有不同。根据多年养蜂总结的经验，大部分地区繁殖越冬适龄蜂都选择在 8 月中旬开始，到 9 月上旬结束。这个阶段是繁殖越冬适龄蜂的最佳时期，繁殖出来的工蜂，没有参加哺育蜂儿的内勤工作，也没有参加繁重的外勤采集活动，生理上保持着最佳的年轻状态，体质健康，能够增强抗寒能力和群体的抗逆性，提高蜂群越冬安全性。

121. 繁殖越冬适龄蜂时要采取哪些措施？

在繁殖越冬适龄蜂时，需要采取一些相应的蜂群管理措施，来保证繁殖越冬适龄蜂高效率、体质健康。

（1）选择繁殖快、抗寒性能好、节省饲料、具有黑色血统的良种蜂王繁殖越冬适龄蜂。

（2）利用初秋良好的气候、蜜粉源条件，培育优质新蜂王繁殖越冬蜂。

（3）利用 2 只蜂王的繁殖优势，组织双王群繁殖越冬蜂。

（4）保持繁殖越冬蜂群的子脾面积不缩小，子脾数量不减少。

（5）及时进行蜜蜂病虫害的防治，特别是对蜂螨的防治。

（6）适当紧脾，保持蜂脾相称。

（7）进蜜不好时，及时补喂饲料，保证蜂群蜜足、粉多。

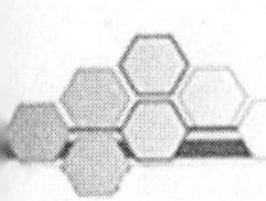

七、补喂越冬饲料

122. 利用非越冬蜂补喂越冬饲料有什么好处?

充足的越冬饲料是蜂群安全越冬的保证。受不良气候和蜜粉源植物减少的影响，蜂群在秋季很难贮存足够的越冬饲料。同时，蜂巢内的蜜脾上存在工蜂采集的甘露蜜，影响蜂群越冬安全，所以现在基本都采用补喂白糖作为越冬饲料。

补喂时间多数安排在晚秋，子脾全部出完时进行。这个时间外界气温低，突击补喂饲料，排水慢，酿造时间短，双糖转化单糖不充分，蜂群易发生消化不良而出现下痢。此外，参与酿造饲料的大部分是越冬适龄蜂，越冬蜂通过繁重的饲料酿造活动，体力消耗大、寿命缩短，越冬群势下降快。这个时期补喂越冬饲料，还容易引起盗蜂，增加越冬蜂的损失。

8月中旬以后蜂王产的卵，孵化出来的工蜂才是越冬适龄蜂。第一批越冬适龄蜂出房在9月初左右，8月末补喂越冬饲料正合适。这个阶段，参与酿造越冬饲料的大部分是非越冬适龄蜂。非越冬蜂参与补喂越冬饲料酿造，减少了越冬蜂的工作量，这样做有效保存了越冬蜂的体力，延长了越冬蜂的寿命，能够降低越冬死亡率，提高蜂群安全越冬效果，有效防止春衰。另外，这个阶段外界气温高，蜂数多，酿造饲料排水快、成熟度高、质量好。

在补喂越冬饲料前，要给蜂群适当紧脾缩巢，蜂脾比例保持在蜂略多于脾的标准，将子脾全部调到巢箱。如果子脾过多，可以将几张大虫脾或新蛹脾调到继箱，巢继箱之间加隔王板。继箱根据预测出来的越冬蜂数，确定留下来的越冬需要的巢脾数。贮存越冬饲料要选择巢房整齐、褐色、不带花粉的巢脾。隔板外放置饲喂器，每天傍晚加入糖浆，直至饲喂到蜜脾封盖。

123. 蜂群补喂越冬饲料需要注意哪些问题？

无论是利用蜂蜜还是白糖作为越冬饲料，都要保证质量。不能用发酵蜂蜜、甘露蜜、污染蜜、带有传染病原的蜂蜜。椴树蜜、向日葵蜜易结晶，不宜做越冬饲料。越冬饲料不能含有油脂、铁锈等有害物质。白糖作为越冬饲料，要用正规厂家生产的，购买时要索取发票，还要向卖家询问运输途中是否遭受污染。为保证蜂群安全，在大批量喂蜂前，最好先用1～2群蜂试喂。喂时不要太急，防止蜜糖严重压缩子脾，每天喂1次或隔1天喂1次。

124. 补喂越冬饲料的最佳时间在什么时候？

在东北地区，有多个补喂越冬饲料的阶段，不同阶段补喂越冬饲料对蜜蜂越冬效果不一样。

（1）8月上旬至9月中旬，蜂王产卵繁殖越冬蜂的适龄期。选择群势8框蜂以上的蜂群，按照每张脾分布七成蜂的标准，在巢箱内放置6～7张供蜂王产卵的巢脾，继箱内对应巢箱蜂巢位置放相应数量的子脾、深色空巢脾及饲喂器，巢、继箱间放隔王板。每隔2天向饲喂器添加饲料糖浆，避免高频率添加饲料压缩产卵圈，直到饲料脾封盖面积达90%以上，停止饲喂。如果蜂群越冬达标的饲料脾数量不足时，可以把继箱中的达标饲料脾撤出群外保存，在原位置另加适量空脾继续贮存饲料。这个时期是利用非越冬蜂贮存越冬饲料，越冬前把贮存好的饲料脾放入蜂群中，保证了越冬蜂拥有健康的体质，蜂群越冬效果好。

（2）9下旬至10月初，蜂王产卵繁殖越冬蜂结束。蜂王幽闭控产，保持蜂脾相称，撤出多余的粉脾、空脾、浅色脾，保留子脾、深色空脾。每隔1天饲喂1次，直到子脾出尽，全部成为达标的越冬饲料脾时停止饲喂。这个时期，部分越冬蜂参与了贮存越冬饲料的工作，蜂群越冬效果较好。

(3) 10月上旬，越冬蜂的子脾已出完。蜂群紧脾缩巢，保持蜂多于脾1～2框，每天集中补喂越冬饲料，约10天能够完成。这个时期外界气温较低，昼夜温差较大，搬运酿造饲料过程中蜜蜂的死亡率较高，群势下降快。由于绝大多数越冬蜂参与了贮存越冬饲料的繁重工作，体质受损，蜂群越冬效果较差。

125. 秋季如何贮存越冬饲料?

到了秋季，随着外界气候逐渐变冷，在蜜粉源植物开花结束前，抓住气候和蜜粉源有利时机，在进蜜好的时间段，有目的地利用继箱强群的采集能力，抓紧贮存越冬饲料，每群蜂力争提前贮存5～6张越冬用封盖蜜脾，为蜂群越冬打下优质充足的饲料基础。

选择强壮蜂群，适当紧脾缩巢，将没有花粉的优质褐色空脾放在继箱上贮存蜂蜜，巢、继箱之间加隔王板，限制蜂王在蜜脾上产卵。秋季贮存的杂花蜜不易结晶、没有污染、越冬安全。进蜜不足时，及时补喂优质糖浆，促使蜜蜂尽快酿造成封盖蜜脾，防止甘露蜜的掺入，提高蜂群越冬安全性。

126. 为什么要用封盖蜜脾做越冬饲料?

蜂群越冬饲料数量多与少、质量好与坏，在很大程度上决定了蜂群越冬的成败。蜜蜂经过长期的进化，对自然有很强的适应能力，为了应对冬季不良气候的影响，保证群体的生存能力，习惯将采回的蜂蜜酿造成熟后封盖。封盖蜜是经过蜜蜂充分酿造成熟的蜂蜜，其含水量低、单糖含量高，不结晶、不吸潮发酵变质、没有污染，蜜蜂食用后消化吸收率高，粪便积存量少，肠道不过早增加负担，减少体质能量消耗，越冬蜂寿命长、死亡率低，群势消耗较轻，蜂群越冬安全。

127. 利用白糖作为蜂群越冬饲料的优势和调制方法?

利用优质纯净的白砂糖、绵白糖制成糖浆，补喂给蜂群作为越冬饲料，其优点是冬季不易结晶，蜜蜂越冬既安全又节省饲料。

调制糖浆，应按照每千克白糖加 0.55～0.6 千克水的比例。在温暖的环境下，先将洁净的水放入干净的容器中，然后放入白糖搅拌，直至全部融化为止。傍晚将糖浆倒入蜂箱内的饲喂器中，让工蜂搬运糖浆酿造成封盖的越冬蜜脾。

128. 怎样调整补喂越冬饲料的蜂群?

补喂越冬饲料时，要对蜂群进行调整，按照蜂多于脾的标准紧脾缩巢，撤出带有花粉的巢脾、未封盖蜜脾、浅色巢脾、老旧巢脾，留下巢房整齐平整、深褐色的优质巢脾作为越冬贮蜜脾。根据蜂数多少留下越冬用脾，早晚观察隔板外能看到趴有一层蜂即可，蜂路保持在 12～15 毫米。经过调整的蜂群，蜂脾比例合理，在补喂越冬饲料时既能保持不过度消耗群势，又能避免饲料的浪费。

129. 螨害不严重也没有光源，晚秋喂完越冬饲料后为什么蜜蜂在夜晚飞出箱外冻死?

因为没有亲临现场实地观察，所以不能准确地判断其发生的原因。正常情况下，随着秋季气温的降低、蜜粉源的结束，蜂群断子后蜜蜂的飞翔活动就会逐渐减少。晚间飞出巢外的蜜蜂，大多是受到一些不良因素的影响，体质弱和老蜂也会飞出巢外死亡。下面仅从几个方面给予分析，供蜂友参考：

（1）由于大量补喂越冬饲料，工蜂搬运饲料劳动强度大，造成工蜂体质下降提前衰老，这些工蜂会飞出巢外死亡。

（2）饲料搬运过程中会产生热量，如果蜂箱通风不良，没有及时扩大巢门加强通风，会造成蜂巢温度过高，产生伤热现象，也会使工蜂产生骚乱飞出巢外。

（3）补喂的越冬饲料质量有问题，掺杂有毒、有害物质，造成工蜂不适或中毒而飞出巢外。

（4）秋季外界蜜粉源缺乏，补喂越冬饲料时出现了盗蜂，互相打斗造成部分工蜂受到伤害，选择在晚间飞出巢外。

（5）受到蜂螨等病虫害侵染的不健康工蜂，性情暴躁、体质衰弱、寿命缩短，常常在晚间飞出巢外。

130. 喂越冬饲料紧脾，12～13 框蜂放 8 张脾，喂蜂结束时剩不足 2 框蜂是什么原因？

原因是多方面的：

（1）工蜂不适龄，群内工蜂多数是老蜂，酿造饲料过程中大量老蜂累死，导致群势急剧下降。

（2）工蜂发生偏集，大量工蜂飞入其他群内，原群工蜂数量减少。

（3）蜂群内蜂螨寄生严重，工蜂体质弱，在参与收集、酿造越冬饲料工作中，死亡率升高，出现只见蜜脾不见蜂的情况。

（4）蜂群患病或中毒，越冬饲料饲喂期外界温度高，工蜂狂飞。白砂糖质量不好或者已过保质期，或饲料内混入了甘露蜜，都能导致工蜂大量死亡。

131. 东北地区在秋季喂蜂中是否可以使用电动搅糖机？

可以使用电动搅糖机，方法是用冷水溶解白砂糖喂蜂。现在很多蜂场都在使用此方法，但是使用时应该注意一些事项：

（1）每 50 千克白砂糖加入 30 千克左右的水，用搅糖机多搅拌几次，让白砂糖充分溶解，方便蜜蜂取食。

（2）用干净卫生的深井水或者泉水，不能用被污染的水，防止蜜蜂染病。

（3）注意安全，电动搅糖机用完后及时断电，使用过程中不要让搅糖机长时间接触容器壁和底部，造成容器损坏，浪费糖浆。

有条件的蜂场，最好是用开水化糖。这样可以起到给白糖杀菌的效果，尤其是补喂越冬饲料时。蜜蜂繁殖季节，蜜蜂吃了品质不好的饲料，可以飞出巢外及时排泄。但越冬饲料如果品质不好，会导致越冬蜂下痢死亡。

八、越冬前和越冬期蜂群管理

132. 越冬前为什么要减少蜜蜂的频繁活动?

调换或补喂完越冬饲料的蜂群，在进入越冬期之前，常常由于气温较高或巢内的各种原因，蜜蜂连续频繁飞翔，大大超过了越冬前蜜蜂应当进行的排泄飞翔活动。这种过度的活动，必然消耗越冬蜂的体力，同时蜜蜂在飞翔过程中个体有减无增，屡受损失，削弱越冬群势。因此适当减少蜜蜂的飞翔活动，对保存蜂群的越冬实力具有重要作用。

减少越冬蜂的频繁活动要从蜂巢的内部和外界环境做起。首先要及早结束、调整和补喂越冬饲料工作，让巢内的蜜脾及时封盖，彻底断子，不再让蜂群出现子脾，巢内不增加保温物，排除任何能够导致巢温上升的因素。除了必要的检查之外，不要过多地拆动蜂巢，避免因活动巢脾而刺激蜜蜂飞翔，让蜜蜂安静地栖息于蜂巢中。适当缩小巢门，不适合飞翔的天气在巢门前增加遮阴物，以减少阳光直射的温度和亮光对蜂群的刺激。不到越冬包装时期，不增加箱外保温物，防止人为促使巢温升高而增加蜜蜂的活动。

133. 岩石上的多肉植物在冰冻后分泌的含糖物质对喂过越冬饲料的蜜蜂有害吗?

先要了解，这种多肉植物分泌的物质是否为含糖物质？气温高时，是否有蜜蜂采集这种物质？如果分泌物不是含糖物质，没有蜜蜂采集，就不会对蜜蜂造成伤害。

这种多肉植物是在冰冻以后才分泌含糖物质。气温低于 8℃

时，蜜蜂停止飞行且不会出巢采集。蜂群已经饲喂越冬饲料，即使有工蜂少量采回一些蜜露，也不会对整个蜂群的越冬有太大影响。如果这种分泌物多，工蜂大量采集，可能会影响越冬安全，此时要采取措施处理或将蜂群迁离。

134. 甘露蜜对蜜蜂的越冬效果有什么影响？

甘露蜜包括甘露和蜜露两种，越冬饲料中混入大量的甘露蜜，会导致蜜蜂消化不良，影响蜂群安全越冬。

甘露是由蚜虫、介壳虫等昆虫采食植物的汁液后所分泌出来的一种淡黄色、无芳香味的含糖汁液；蜜露则是由植物受外界气温变化的影响从叶茎部分或创伤部位分泌出来的一种含糖汁液。北方10月的秋季，有时白天气温可达26℃左右，外界没有蜜粉源，蜜蜂会采集这两种含糖汁液并酿造成甘露蜜。甘露蜜中单糖含量较少，蔗糖含量较多，还含有大量蜜蜂不易消化的糊精、无机盐和使甘露蜜易于结晶的松三糖等物质。这些物质成分，使蜜蜂取食后发生消化吸收障碍，导致中毒死亡。

越冬前期甘露蜜中毒的现象较轻，到了后期随着饲料消耗量不断增加，工蜂体内粪便增多，工蜂出现下痢并爬出箱外死亡，甘露蜜中毒现象剧增，最终导致越冬蜂群死亡或衰弱。因此，秋季选择蜜粉源场地时，要避开会大量分泌甘露以及易产生蜜露的植物，蜂群要长期保持饲料充足，减少蜜蜂采集甘露蜜。

135. 越冬前为什么还要布置越冬蜂巢？

布置蜂巢是为了让蜂数和蜜脾的关系更合理，方便蜜蜂结团，越冬更安全。

调换或补充喂完越冬饲料的蜂群，如果蜂群内脾过多有“闲脾”，越冬蜂结团时不集中，在越冬后期距离饲料远，容易出现蜂团取食不到蜜糖而饿死的现象。另外，如果蜂过多于脾，容易造成蜂团热量大，加快饲料消耗，越冬蜂死亡率高。

为了使越冬蜂群的蜂脾关系达到一个相对合理的比例，在越冬前要进行最后一次检查，布置越冬蜂巢。按照蜂脾相称或蜂略多于脾的比例留蜜脾，切忌蜂脾相差悬殊。封盖面积大的蜜脾放在两边，封盖面积相对小的蜜脾放在中间，有利于越冬蜂在中间结团，提高其应对气温变化的能力。巢脾之间的蜂路设为12～15毫米。

136. 蜂群安全越冬需要具备哪些必要条件？

蜂群越冬是一个复杂的过程，必须满足以下条件才能保证蜜蜂安全越冬：一要培养健康强壮的越冬蜂群；二要有优质充足的越冬饲料；三要合理布置越冬蜂巢；四要有适宜的越冬场所；五要加强冬季管理措施。这些条件对蜂群越冬效果有直接影响，提早采取措施，是保证蜂群安全越冬的关键。

137. 蜜蜂越冬室要注意哪些问题？

利用修建的越冬室或闲置的空房进行蜂群越冬，首先要考虑越冬环境必须具备抗寒隔热性能，保温、通风性好，墙面、地面比较干燥，室内保持黑暗、安静，没有放过有毒有害物品。其次是附近不能有对越冬室产生振动影响的加工厂、养殖场、停车场等，最好远离公路，避免车辆经过产生的噪声影响蜜蜂越冬。设置两道房门，或加挂棉门帘增加保温性，定期放鼠药或粘鼠板预防鼠害。

138. 室内越冬蜂群如何进行管理？

蜂群入室在11月中下旬进行。当白天外界最高气温下降到0℃以下，夜间最低气温下降到－15℃以下时，选一个较冷天气的下午，将蜂群搬入越冬室。蜂群入室还要根据群势和越冬室的保温情况灵活掌握，弱群可以提前入室，强群可以推迟入室。

蜂箱摆放要离开地面50～60厘米，强群放在下层，弱群放在上层。不盖蜂箱大盖，纱盖上盖草帘或通气好的棉被帘，把靠近巢脾一侧的巢门打开到最大位置。在摆放蜂箱的中间和两侧位置，各放一个温度表或远距离测温仪器，实时监控越冬室的温度。根据越冬室内温度的变化，适当调节通风口，把温度控制在0℃左右。短时间最低温度不低于－4℃，最高不超过4℃。

立春前15天左右进入室内检查1次，观察越冬蜂群是否出现异常情况。立春后5～7天进入越冬室内检查1次。用红色手电光照射，将听诊器软管一头放在耳内、一头插入蜂箱巢门里听蜂巢的声音。声音均匀细腻是正常现象，出现声音过大、有异响、声音微弱或没有声音，应及时打开蜂箱纱盖检查处理。在蜂群越冬2个月后，每20～30天清理一次巢门内的死蜂，避免堵塞巢门。

139. 蜂群越冬保温包装或入窖在什么时间进行为好？

东北地域辽阔，不同地区的气候状况存在一定的差异，蜂群越冬时间自然也存在差异。越冬蜂群保温包装或入窖（室）的时间，一定要根据当地的气候变化情况来定。

大部分地区室外越冬蜂群都在11月初至11月下旬逐渐添加保温物包装，随着气温下降分2～3次完成保温包装工作。室内越冬的蜂群一般在11月中下旬，白天最高气温下降到0℃以下，夜间最低气温下降到－15℃以下时，选择一个较冷天气的下午将蜂群搬入越冬窖（室）。

140. 是否有简便、实用、效果好的室外越冬方法？

室外越冬首先要准备相关的保温包装材料（如珍珠岩、松针、锯末、棉被或棉毯等）、防雨材料、防鼠材料（如防鼠铁网、鼠药等）。其次是选择蜂群室外越冬场所，要窝风向阳、干燥、干净、安静。在结冻之前，按照计划在放置蜂箱的位置用木桩、木板、石棉瓦及不透明塑料布，建一个宽100厘米左右、高150～170厘米、长度根据摆放蜂箱数量而定的室外蜜蜂越冬棚。

进入11月初，当蜜蜂不再出现大量飞翔时，在越冬棚内的地面，按蜂箱前后距离宽度铺一层隔潮物，在隔潮物上放10～15厘米厚的保温物，再把蜂箱并排摆放在保温物上面。箱与箱之间两头用泡沫堵塞或用草把挡住保温物，蜂箱门前底部用木板或砖挡住保温物防止流失。11月上旬，随着外界气温逐渐下降，在蜂箱之间和后部添加二分之一高的保温物进行初步保温。11月下旬以后，可以把蜂箱之间和后部加满保温物。

到了11月末，把蜂箱大盖拿下挡在蜂箱前面遮阴挡风，在覆布上加4厘米左右厚的保温物，上面再加盖一层棉被或3～4层棉毯，将棉被或棉毯盖住蜂箱前部，露出巢门部分，用木板或瓦片把棉被顶靠到蜂箱使其紧贴蜂箱。巢门用粗网眼铁纱网封堵，防止老鼠进入蜂箱，定期在蜂箱前放鼠药或粘鼠板。在两侧和中间蜂箱里的隔板外侧空间，各插入一个带导线的测温探头，适时监控蜂箱内温度，温度控制在4～6℃。

141. 蜂群地沟包装越冬方法是怎样做的？

在土质松软、干燥的地方，可以选择地沟包装法进行蜂群越冬。越冬前，在越冬场地上以10～20群为一组，挖成一条80厘米宽、50厘米深、长度按摆放蜂箱数量而定的长方形地沟。越冬时，在沟下垫8～10厘米厚的保温物，上面排列蜂箱，蜂箱的后部和蜂箱之间添加8～10厘米的保温物。在地沟上部的木杆上面放25厘米左右厚的干草，再覆盖一层防雨塑料，形成中间隆起的保温棚。在地沟蜂箱前部的长洞两侧留有进气孔，洞的上方等距离安插2～3个直径8厘米的塑料管作出气孔，进出气孔要安装铁纱网防鼠，每个塑料管里用绳吊放一个温度表监控地沟温度。放入地沟里的蜂群，要大开巢门，地沟内保持0℃左右，通过扩大和缩小进出气孔调节地沟里的温度。

142. 室外越冬蜂群管理要注意哪些问题？

室外越冬蜂群若保温包装过早或通风不良，前期蜂群受闷容易伤热，越冬蜂团疏散，蜜蜂不断飞出，饲料消耗较快，蜜蜂容易下痢、衰弱。保温包装时，一定要根据外界降温情况，循序渐进地分批次添加保温物，不能一次性给蜂群加满保温物。

越冬初期，蜂箱巢门要开大些，天冷时及时缩小或遮挡巢门。要经常进行箱外观察，发现有蜂飞出，及时扩大巢门或撤下保温物，通风降温。如有咬碎的死蜂出现，说明有老鼠活动，应及时放药或放置粘鼠板。每隔半个月清理 1 次巢门里的死蜂，避免死蜂堵塞巢门引起通风不良而伤热。越冬 2 个月后，每 10 天左右用听诊器将软胶管插入巢门里监听蜂群，发现不正常声音及时开箱检查处理。

143. 越冬蜂群出现缺蜜饥饿怎么办?

在越冬蜂群管理过程中，如果发现蜂群出现缺蜜饥饿现象时，最好利用提前储存好的封盖蜜脾，先放在暖和的屋里预热后，直接补喂给蜂群。蜜脾要贴着蜂团放，有利于就近取食，又不破坏越冬蜂结团位置。如果没有可用的现成蜜脾，可以将白糖加工成糖粉，用融化的温蜂蜜将糖粉和成面团状的炼糖饲料，将炼糖用保鲜膜包好，用针多扎些小孔，放在缺蜜蜂群的越冬蜂团上部框梁上，供蜜蜂取食。

144. 造成蜂群越冬异常情况的常见原因有哪些?

造成越冬蜂群出现异常情况的原因主要有：

（1）蜂群越冬保温或入窖（室）时间过早或过晚。

（2）蜂群越冬环境嘈杂，不安静、不黑暗、温湿度不正常。

（3）蜂群越冬饲料质量有问题，蜜脾封盖不好，吸潮变质，或残留有毒、有害物质。

（4）越冬蜂不适龄，或参与过繁重的越冬饲料酿造工作。

（5）越冬蜂受到病虫害的影响，尤其是螨害或是鼠害的影响。

（6）越冬蜜脾上有子脾，蜂团不安静。

（7）越冬期蜂群管理不及时、不到位。

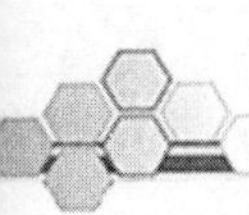

九、引种和用种

145. 西方蜜蜂有哪些品种？

西方蜜蜂是人工饲养最普遍的蜂种，起源于欧洲、非洲、中东等地，后由欧洲移民和商业交往引入世界各地，主要有意大利蜂、欧洲黑蜂、卡尼鄂拉蜂、高加索蜂、安纳托利亚蜂、新疆黑蜂、东北黑蜂、珲春黑蜂等。

（1）意大利蜂。是西方蜜蜂的一个亚种，俗称意蜂、洋蜂等，原产于意大利的亚平宁半岛，有产育力强、分蜂性弱、性情温驯、产蜜及产浆能力强等优点。引入我国后广泛饲养于长江下游、华北、西北和东北等大部分地区，在我国养蜂生产中起着十分重要的作用。

（2）欧洲黑蜂。是西方蜜蜂的一个亚种，原产于西欧至东欧北部及俄罗斯中部等地，在近代养蜂业的发展中曾起过重要作用，但因性情凶暴且不便于生产管理而逐渐被淘汰。事实上，大多数国家欧洲黑蜂已与意蜂等杂交或完全被替代，只有极少数国家还保留着纯种的欧洲黑蜂。

（3）卡尼鄂拉蜂。是西方蜜蜂的一个亚种，俗称卡蜂、喀蜂等，原产于巴尔干半岛北部的多瑙河流域，我国于20世纪开始引进。特点是性情温驯、不怕光、定向力强、不易迷巢、盗性弱、在高纬度地区越冬性能良好、采集力强、善于利用零星蜜源、高抗幼虫病。

（4）高加索蜂。是西方蜜蜂的一个亚种，全称灰色山地高加索蜂，简称高蜂，原产于高加索和外高加索山区。特点是性情温驯、不怕光、采集能力强、善于采集深花冠蜜源植物，既能利用大宗蜜源，也能利用零散蜜源，造脾能力强，耐寒能力强，越冬性能优于意蜂，但低于卡尼鄂拉蜂。

（5）安纳托利亚蜂。是西方蜜蜂的一个亚种，俗称安蜂，原产于土耳其安纳托利亚高原，特点是性情凶猛、产育力强、分蜂性弱、采集力强、善于利用零星蜜源、定向力强、喜造赘脾。

（6）新疆黑蜂。是20世纪初由俄国传入我国新疆伊犁、阿勒泰等地的黑色蜜蜂，在经过长期混养、自然杂交和人工选育后，逐渐形成的一个西方蜜蜂地方品种，是蜂蜜高产型蜂种。

（7）东北黑蜂。是西方蜜蜂的一个地方品种，19世纪末至20世纪初由俄国远东地区传入我国黑龙江与吉林两省的黑色蜜蜂，经过长期混养、自然杂交和人工选育后，逐渐形成的一个蜂蜜高产型蜂种，是中俄罗斯蜂（欧洲黑蜂的一个生态型）和卡尼鄂拉蜂的过渡类型，并在一定程度上混有高加索蜂和意蜂血统。

（8）珲春黑蜂。是1920年前后从俄罗斯远东地区引进的黑色蜂种，已有约百年历史，其形态指标和生物学特性与东北黑蜂有明显差异。珲春黑蜂具有高产、抗寒、抗螨、抗白垩病、越冬安全等优良性状，不仅是珍贵的育种素材，还是一个高产型地方品种。

146. 人工授精种王与自然交尾种王哪个好？

人工授精种王与控制自然交尾的种王各有优点和不足。

人工授精种王是人为强行操作让蜂王受精产卵的种蜂王。人工授精操作时，器械与蜂王接触，蜂王不可避免地会受到一些人们看不到的意外损伤。此外人为取精、授精时，雄蜂、蜂王都不能保证是在交尾的最佳状态，授精时的温湿度，精子的数量、成活率、转移率等也不能与自然状态下完全相同。因此，个别的人工授精蜂王会出现产卵力表现不好、利用时间短、易发生自然交替等问题。但是，人工授精种王的父本是按照配种方案人为标记的父本蜂群的雄蜂，能确定具体的父群，甚至是雄蜂个体，蜂王产生的子代血统清晰。

控制自然交尾的种王，在蜂王交尾的区域内，参与交尾的父本是按照配种方案定向培育的雄蜂，可以确定品种，但很难确定具体的蜂群或个体。蜂王在自然条件下婚飞交尾时，能够获取优质的雄蜂精子，受精充足，精子转移率高，蜂王质量好。

如果为了更好地利用蜂种的遗传性，建议引进人工授精种王；如果要兼顾种王产卵好、利用时间长、可维持大群，就引进控制自然交尾的种王。

147. 种王与生产王有哪些不同？

种王与生产王的不同之处主要体现在：

（1）血统差异。种王是按照制种方案组配，定向培育母本、父本，自然种王也是隔离控制交尾，血统清晰。生产王基本为自然交尾的杂交王，没有严格的交尾隔离区，父本随机性强，血统不明。

（2）目的不同。引进种王是为了在育王期提供适量卵虫，培育子代生产蜂王或父本雄蜂，利用它的遗传性。生产王是利用其杂交优势，充分发挥产卵力，繁育出最强群势，主导蜂群生产活动。

（3）培育成本悬殊。种王培育要定向培育雄蜂、严格控制非种用雄蜂、隔离蜂王交尾场等，耗费大量的人力、物力，尤其是人工授精种王，工序流程复杂，技术含量高，所以种王售价较高。相比较培育生产王对雄蜂、交尾场地的要求不高，随机自然交尾，培育成本相对低，流程简单，所以售价低廉。

（4）管理不同。种王需要精心饲养，维持中等群势，一来预防分蜂热的发生，避免种王飞逃损失；二来控制蜂王产卵量，延长种王使用寿命，只要种王能正常产卵，就可以利用。生产王在繁殖期需要积极、大量地产卵，维持强群，出现不良状况及时淘汰，基本1年或1个花期就需要更换。

148. 吉林省养蜂科学研究所培育的蜂种哪个好？

吉林省养蜂科学研究所培育了多个蜂种，很难单纯说哪个蜂种好与坏，每个蜂种都有其优点和不足，不存在十全十美的蜂种。

选种时，要根据个人的饲养目的，结合本地蜜蜂血统构成、气候和蜜源条件综合考虑。引进蜂种，只要在主要指标上达到个人所期望的目的，其他指标达到一般程度即可选择利用。

149. 蜂王简介中的正常年是指什么样的年景？

正常年是指在长白山区气候、蜜源条件下，能够满足蜂群正常繁殖、生产的年景。

具体是指春繁辅助蜜粉源丰富，气候按时节正常，无长期的低温阴雨天气，蜂群正常繁殖；椴树花期气温稳定，雨水调和，椴树开花正常，蜂群至少能取 2 次蜜；秋季气候适宜，零星蜜源流蜜，粉源充足，能满足蜂群繁殖的需要，流蜜好还能取 1 次蜜或储备一定量的蜜脾。

椴树蜜绝产或春、秋蜜粉源不好，需要长期饲喂饲料，属于非正常年景。

150. 现在养的是杂交种，再引进纯种还是杂交种更能提高养蜂效益？

引进的蜂种不同，蜜蜂的杂交优势表现有差异。引进纯种培育的子代蜂王及子代蜂王产的雄蜂，都是纯种无杂交优势，子代蜂王产的工蜂是杂交种，具有杂交优势。引进杂交种培育的子代蜂王、子代蜂王产的工蜂及雄蜂都是杂交种，都具有杂交优势。相比较，引进杂交种蜂王较纯种蜂王效果会更好。

对于生产型蜂场，不能为组配杂交种随意引种，要综合考虑养蜂生产目的、本地气候、蜜粉源特点以及蜂王交尾区域内的雄蜂血统等多方面因素，尽量引进与本场杂交种不同的杂交种蜂王，增强配合力，利用杂交优势提高养蜂经济效益。

151. 松丹 1 号与新疆黑蜂配套系Ⅱ型、远东黑蜂配套系Ⅱ型比较哪个蜂种好？

松丹 1 号蜜蜂是双交种，蜂王和工蜂都是杂交种，都具备杂交优势。新疆黑蜂配套系Ⅱ型、远东黑蜂配套系Ⅱ型蜜蜂是单交种，蜂王是纯种无杂交优势，工蜂是杂交种具备杂交优势。三者相比较，松丹 1 号蜜蜂的优势强。

152. 新疆黑蜂配套系Ⅰ型、远东黑蜂配套系Ⅰ型与双喀蜜蜂比较哪个蜂种好？

3 个蜂种的蜂王都是黑体色、单交种，也都是蜂蜜高产型蜂种。三者相比较，在同等条件下新疆黑蜂配套系Ⅰ型、远东黑蜂配套系Ⅰ型蜜蜂较双喀蜜蜂群势强；远东黑蜂配套系Ⅰ型、双喀蜜蜂采蜜量及越冬削弱率相近，强于新疆黑蜂配套系Ⅰ型；新疆黑蜂配套系Ⅰ型蜜蜂性情较凶暴。

153. 新疆黑蜂配套系Ⅰ型、Ⅱ型后代的工蜂是否还凶暴？

新疆黑蜂性情凶暴，尤其是开箱检查时极易蜇人。新疆黑蜂配套系Ⅰ型、Ⅱ型凶暴程度改善，其子代蜂王杂交后代性情较温驯。

饲养管理蜂群时需要注意，每次检查蜂群时动作要轻柔，避免压死蜜蜂，尽量不要在低温、阴雨天、傍晚等不利蜜蜂飞翔的条件下开箱检查。对于个别凶暴的蜂群，戴乳胶手套防护或喷烟驱避。

154.怎样繁殖喀尔巴阡、黑环系、双喀蜂种的强群？

喀尔巴阡、黑环系、双喀等蜂蜜高产型蜂种，单王繁殖成强壮蜂群很难，可以饲养双王群发挥双王的繁殖优势解决这一难题。

（1）早春蜂群开繁布置蜂巢时，5框蜂以上的蜂群单王繁殖。低于5框蜂的蜂群，按照强弱蜂群搭配，以群势达5框以上的原则组织巢箱双王群繁殖，如1框与5框、2框与4框、3框与3框的蜂群组织双王群。定期从强群一侧调蜂、老蛹脾给弱群一侧，平衡两侧群势，发挥双王产卵力。蜂群繁殖满箱后，叠加继箱扩巢，巢继箱之间加平面隔王板。每隔5～6天，从巢箱两侧分别调出大幼虫或新蛹脾到继箱，原位置加入产卵脾供蜂王产卵。继箱满箱后，继续在其上面叠加第2继箱扩巢，开花流蜜前10天撤走1只蜂王，合并成强壮的单王采蜜群。

（2）4月上旬选择强群有计划地培育种用雄蜂，4月下旬开始移虫育王，培育蜂王数量要多于全场单王群的数量。在新蜂王羽化出房的前1天，从单王群中抽出幼蜂与子脾放到继箱，巢继箱间用纱盖、覆布隔离，继箱开后门，诱入成熟王台组织成巢继箱双王群。继箱的新王产卵后，撤去覆布，定期从巢箱调蜂或封盖子脾到继箱，同时把继箱的卵虫脾调入巢箱哺育，充分发挥新王的产卵力和原群的哺育力。如果巢箱、继箱都已繁殖满箱，可以分别叠加继箱扩巢。开花流蜜前10天废除巢箱中的老王，保留继箱中的新王，撤去纱盖合并成多箱体的、强壮的单王采蜜群。

（3）7月上旬移虫育王，8月上旬利用新产卵王与单王群的蜂王组成双王群，也可以组成新王双王群，利用双王繁殖越冬蜂。越冬蜂繁殖结束后合并双王，留用1只单王成为强壮的越冬蜂群。

利用双王繁殖采集适龄蜂、越冬适龄蜂，组织单王群集中采蜜、单王群越冬，不足之处是饲料消耗高、蜂群管理烦琐。优点是蜂蜜高产型蜂种能够常年饲养强群，为蜂蜜高产、安全越冬打下坚实基础，可以充分发挥蜂种优势。

155. 松丹 1 号蜂种可以连续两年引进吗？

接连引进松丹 1 号是可以的，但是不主张。

种王场两年分别培育松丹 1 号的母本不是同一种王，也不是同代姐妹种王。同样，两年培育松丹 1 号的父本也不是同一种王或同代姐妹种王产的雄蜂，血缘关系会很远。第 2 年引进松丹 1 号后，培育子代蜂王与上年的松丹 1 号雄蜂血缘关系会更远，繁育的后代还能表现出很强的优势。

引进同种有近亲衰退的风险。建议不连年引进同种，第 2 年可以引进其他蜂种，第 3 年再引进松丹 1 号，第 4 年再引进其他蜂种，如此周而复始，最大限度地利用松丹 1 号的优势。

156. 引进某蜂种后表现不佳是什么原因？

从专业保种场引进的蜂种，都是按照制种方案严格组配选育的，自身的遗传性状没有问题。引种后表现不好可能存在以下原因：

（1）当地气候、蜜粉源条件不利于蜂种的发展，制约蜂种优良性状的表现。例如，零星的蜜粉源不利于意蜂采集，易造成意蜂繁殖期饲料缺乏；又如寒冷冬季意蜂越冬死亡率高，直接导致意蜂维持强群特性难以表现。

（2）培育的子代蜂王质量不好。育王虫龄大、王台数量过多、育王群的哺育蜂少、饲料缺乏、巢温过高或过低、交尾群弱小、交尾期天气不良等因素都影响蜂王的质量。

（3）参与交尾的雄蜂有问题。一是雄蜂不匹配，配合力不强，使后代蜂群某些性状不佳；二是雄蜂因质量不高、数量少、不适龄等导致蜂王受精不足、产卵力差或产雄蜂卵。

（4）管理方法不当，未能让蜂种的优良性状得以充分发挥。例如，意蜂在繁殖期可以密集群势繁殖、在流蜜期密集群势生产蜂蜜，如果卡尼鄂拉蜂也照搬意蜂的饲养管理方法，就会产生分蜂热、采蜜量下降，结果是卡尼鄂拉蜂采集力强的优点不能很好地表现出来。

157. 松丹1号在育种理论上是完美的杂交种，其培育的子代蜂王还有杂交优势吗?

有优势。松丹1号的蜂王、雄蜂是单交种含有2个血统，工蜂是双交种含有4个血统，都具有杂交优势。松丹1号蜜蜂繁殖力强，能维持大群，采集力强，采蜜量、采浆量较高，越夏、越冬性能较好。综合松丹1号蜜蜂的生物学特性，可以说是完美的杂交种。

以松丹1号为母本培育的子代蜂王，与其他蜂种雄蜂杂交会增加新的血统，在某些方面蜂群会产生更强的杂交优势。一般情况下，松丹1号子代蜂王与黑体色雄蜂杂交，蜂群产蜜量、越冬性能提升；与黄体色雄蜂杂交，蜂群就会表现出繁殖力、产浆量提高。

158. 引进一只种王累代利用，是否会出现明显的近亲衰退现象?

引进一只种王培育第1代蜂王，再从第1代蜂王中选蜂王培育第2代蜂王，再从第2代蜂王中选蜂王培育第3代蜂王，如此累代育王出现近亲交配，近亲衰退现象肯定有，只是表现不明显。分析原因如下：

（1）蜜蜂生殖具有一雌多雄特殊性，种王受精囊中贮存的精子来自多个不同雄蜂，每批培育子代蜂王之间，雄蜂间的血缘关系还是相对较远，最初的几代近亲衰退现象表现不明显，随着代次逐渐增多，近亲衰退就会显现。

（2）近些年养蜂发展迅速，蜂群饲养数量大幅度地增加，蜂场密度大、距离近，饲养的蜂种也不尽相同，子代蜂王交尾时会有其他血统的雄蜂参与，后代的表现不仅不会衰退，而且还会有优势。

159. 什么蜂种不爱蜇人、上蜜好、能维持大群？

性情温驯、采集力强、上蜜好、维持大群的蜂种较多，如松丹1号、白山5号、远东黑蜂配套系Ⅱ型等都可以。

除此之外，根据自己蜂场饲养蜜蜂的血统结构，也可以选择其他蜂种。如果蜂场饲养的是黄体色蜜蜂，可以引进卡尼鄂拉、黑环系、双喀、远东黑蜂配套系Ⅰ型等蜂蜜高产型蜂种；如果蜂场饲养的是黑体色蜜蜂，可以引进松丹2号、白山6号等蜜浆型蜂种。利用这些蜂种培育子代蜂王用于生产，都能表现出性情温驯、采集力强、维持大群等优势。

160. 松丹1号蜂种适合新疆喀什地区饲养吗？

松丹1号蜂种可以在新疆喀什地区饲养。

松丹1号蜜蜂蜂王产卵力强，繁殖快，分蜂性弱，能维持较强群势；采集力强，既能利用零散蜜源，也能采集大宗蜜源；较耐寒，越冬较安全，抗病力强。新疆喀什地区四季分明，夏季炎热时间短，冬季低温期长无严寒，夏秋季节蜜粉源丰富，这样的气候、蜜粉源条件适合松丹1号蜜蜂饲养。多年来，有很多新疆喀什地区的蜂友饲养松丹1号，效果很好。

161. 目前饲养的是卡尼鄂拉蜂，再换蜂种应该选择哪个品种？

现在饲养的蜜蜂是卡尼鄂拉蜂，蜂场父本雄蜂主要是卡尼鄂拉蜂。为了形成杂交优势，换种之后饲养的蜂王，就是引进蜂种培育子代蜂王与卡尼鄂拉雄蜂交尾的杂交王。引种除了要考虑固定父本是卡尼鄂拉雄蜂外，还要结合当地的气候条件、蜜粉源条件，以及饲养目的、方式等因素。

北方定地或短途小转地养蜂，如果以采蜜为主，建议选择耐寒、越冬死亡率低、采集力强的蜂种，如黑环系、东北黑蜂、蜜胶1号、远东黑蜂配套系Ⅰ型、土耳其卡尼鄂拉蜂杂交种Ⅰ型等蜂种；如果兼顾蜂王浆生产，建议选择较耐寒、产浆能力较强的蜂种，如松丹1号、白山5号等蜂种。

南方定地或短途小转地养蜂，如果以采蜜为主，建议选择较耐热、采集力强的蜂种，如黄环系、松丹系列、白山5号、白山6号等蜂种；如果以采浆为主，建议选择耐热、泌浆性能强的蜂种，如黄环系、原意、澳意、美意等蜂种。

南北方追花夺蜜大转地养蜂，建议选择繁殖力强、维持大群、采集力强的蜂种，如松丹系列、白山5号、白山6号、黄环系等蜂种。

162. 卡尼鄂拉蜂、远东黑蜂配套系哪个蜂种抗螨力强？

卡尼鄂拉蜂、远东黑蜂配套系都具有较强的抗螨特性，2个蜂种在相同的饲养条件下，卡尼鄂拉蜂抗螨力相对更强一些。因此，卡尼鄂拉蜂常成为抗螨育种的首选素材。

163. 喀尔巴阡、松丹1号和远东黑蜂配套系哪个蜂种上蜜好、抗病力强？

3个蜂种的采集力都很强。在相同的群势下，喀尔巴阡、远东黑蜂配套系的采蜜量高于松丹1号，尤其是在采集零星蜜源上表现明显。

3个蜂种都具有较强的抗病力，相比较没有明显的差异。

164. 松丹1号、新疆黑蜂配套系、远东黑蜂配套系哪个蜂种较耐热？

3个蜂种放在一起相比较，松丹1号较耐热，远东黑蜂配套系次之，新疆黑蜂配套系耐热性较差。

165. 松丹1号、新疆黑蜂配套系、远东黑蜂配套系适合南方定地饲养吗？

松丹1号蜜蜂是双交种，具有较强的杂交优势，繁殖力强、能维持大群、采集力强、较耐热、越冬性能较好，不仅适合南、北方定地饲养，也适合转地饲养。

新疆黑蜂配套系、远东黑蜂配套系采集力强，耐热性较差，不适合南方饲养。但是新选育组配的新疆黑蜂配套系Ⅱ型、远东黑蜂配套系Ⅱ型，繁殖力、采集力较强，耐热性能增强，可以在南方定地饲养。

166. 卡尼鄂拉蜂与黑环系比较哪个采蜜更好？

卡尼鄂拉蜜蜂是纯种，蜂王产卵力较强，维持群势中等，对外界气候及蜜粉源变化敏感，采集力较强，耐寒。黑环系蜜蜂是从喀尔巴阡蜂中选育出来的纯系，蜂王产卵力旺盛，维持群势中等，产蜜量高，既能利用零散蜜源，也能利用大宗蜜源，节省饲料，耐寒，越冬安全，抗白垩病。卡尼鄂拉蜂与黑环系都是蜂蜜高产型蜂种，在同等条件下黑环系蜜蜂的繁殖群势、蜂蜜产量略高于卡尼鄂拉蜂。

167. 生产巢蜜用什么类型的种王好？

生产巢蜜选择繁殖力强、采集力强、节省饲料的蜂蜜高产型蜂种为宜，如黑环系、卡尼鄂拉、双喀、松丹1号、白山5号、远东黑蜂配套系Ⅰ型等蜂种。尤其卡尼鄂拉、双喀蜜蜂，蜜房蜡盖与蜂蜜液面之间留有微小间隙，蜂蜜遇热膨胀时不至于接触到或胀裂蜡盖，蜜房封盖保持干爽状态；蜜房封盖时很少掺入树胶和其他杂质，蜜房蜡盖保持洁白。因此，利用卡尼鄂拉、双喀蜜蜂生产巢蜜，蜜房封盖干爽洁白，无破裂湿面，外观美、质量高。

168. 吉林省养蜂科学研究所培育的种蜂王是否抗黑蜂病？

可以肯定的是，吉林省养蜂科学研究所推广的种蜂王都是安全无病的，可以放心应用。春繁时发生黑蜂病，不能简单地归咎蜂种不抗病。更换患病蜂群的蜂王，提高蜂群繁殖力和对疾病的抵抗力，是预防黑蜂病的一个有效措施，尤其选用抗病力强的蜂种。但是抗病力强的蜂种不是万无一失的，加强蜂群的饲养管理才至关重要。

引起黑蜂病的病原是蜜蜂慢性麻痹病病毒，具有极强的传染性，该病毒在35℃时致病力最强，在蜂尸中能保持毒性2年之久。预防黑蜂病，不妨试一试以下措施：

（1）选择健康无病的蜂群培育用于春繁的蜂王、种用雄蜂，废除本蜂场、附近其他蜂场的非种用群及病群雄蜂，确保交尾区域内健康的种用雄蜂参与蜂王交尾。

（2）不要继续在患病场地养蜂，不要在有效飞行区域内有患病蜂场的地方摆放蜂群，并做好场地、机具等消毒工作。

（3）严防蜂群受潮，做好蜂箱底面及上部的隔潮措施，蜂群适度保温，晴天晾晒保温物。蜂群保持充足的饲料，减少检查蜂群时间与频率，缩小巢门，预防盗蜂。

（4）平时蜂群内发现个别病蜂要随时清除，对于患病严重的蜂群，立即将其消灭或远距离搬迁隔离。隔离的病群，用升华硫粉适量撒在蜂路间或框梁、巢门口。应注意升华硫对未封盖幼虫有毒性，用量掌握不当极易造成幼虫中毒。

169. 蜂种耐热的具体表现是什么？

耐热的蜂群在长时间的高温条件下，蜂王能够正常产卵，工蜂正常哺育、没有脱离子脾；蛹脾正常羽化出房并发育健康；蜂群正常从事出巢采水、采蜜及采粉活动，群势没有明显的下降。

不耐热的蜂群，在同等高温条件下会出现相反的表现。

170. 吉林省养蜂科学研究所最新培育推广的新品种有哪些？

吉林省养蜂科学研究所经过40余年的发展，已掌握了蜜蜂原、良种繁育所必需的人工授精、蜂场育种、蜂群饲养三位一体的现代蜜蜂育种技术和实验室研究、蜂场测试等技术手段，形成了保种、选育、制种等相互配套的技术体系。

本所先后培育并推广了多个蜜蜂品种，有喀（阡）黑环系、双喀、松丹1号、松丹2号、白山5号、白山6号、蜜胶1号、黄环系等蜂种。2020年推出4个新组合，分别是新疆黑蜂配套系Ⅰ型、新疆黑蜂配套系Ⅱ型、远东黑蜂配套系Ⅰ型、远东黑蜂配套系Ⅱ型。2021年又推出土耳其卡尼鄂拉蜂杂交种Ⅰ型、欧洲黑蜂杂交种Ⅰ型等蜂种。今后，还会陆续有新的良种推广。

171. 吉林省养蜂科学研究所新推出的土耳其卡尼鄂拉蜂杂交种有什么特点？

土耳其卡尼鄂拉蜂杂交种蜂王有2种体色，一种是黑色，一种腹部背板有棕黄色的环节；工蜂多为黑色，部分工蜂腹部背板有棕黄色的环带；雄蜂为灰黑色，腹部有黄斑。

在生物学特性上主要表现是：蜂王产卵力强，子脾密实度高；

采集力强，既善于采集大宗蜜源，也善于利用零散蜜源，大流蜜期压缩子圈；采胶能力强，定向力强；盗性弱，分蜂性较弱，善于保存实力；节省饲料，抗病力强。

阴雨天或傍晚检查时蜂群较暴躁。与其他品种蜜蜂杂交后具有较强的杂交优势。

172. 适合吉林省集安市饲养的蜂种有哪些？

吉林省集安市属于北温带大陆性气候，长白山系的老岭山脉由东北向西南横贯全境，形成了岭南、岭北两个小气候区，岭南具有明显的半大陆海洋性季风气候。四季分明，春季回暖早、时间长，秋霜见霜晚，岭北与岭南冷暖转换差 15 天左右。集安市区域内蜜粉源丰富，有椴树、洋槐 2 种主要蜜源，二者花期相差近 1 个月，岭南、岭北流蜜期相差 10 天左右。

适合饲养松丹 1 号、白山 5 号、新疆黑蜂配套系Ⅱ型、远东黑蜂配套系Ⅱ型等繁殖力强、采集力强、能维持大群的蜂种，或饲养蜜胶 1 号、卡尼鄂拉、双喀、新疆黑蜂配套系Ⅰ型、远东黑蜂配套系Ⅰ型、黑美意等采集力强、节省饲料、耐寒的蜂种。新疆黑蜂配套系性情相对凶暴，要远离居民区、牲畜，平时管理蜂群应做好个人防护。

173. 生产型蜂场怎样才能选好蜂种？

适宜的蜂种是生产型蜂场获得高产、丰收的关键因素，市场上推广蜂王的种王场有多家，蜜蜂品种也有多种，要想选择适宜的蜂种，需要提前做好功课。

（1）从保种、育种技术实力雄厚的专业种王场选种，质量、服务有保障。通过养蜂杂志、书籍、种王场资料、养蜂者口碑等渠道，充分了解不同蜂种的生物学特性。

（2）清楚本蜂场雄蜂的血统结构，掌握蜂王交尾区域内其他蜂场雄蜂的血统结构，依据占主体的雄蜂血统结构选择配合力强的蜂种，使培育的后代产生较强的杂交优势。

（3）结合本地气候、蜜粉源特点及饲养目的综合考虑选种。例如，北方冬季寒冷区域适合饲养耐寒、越冬安全的蜂种；南方冬季温暖如春区域适合饲养耐热、越夏性能好的蜂种；蜜源面积广、泌蜜量大的区域，适合饲养善于利用大宗蜜源的蜂种；蜜源面积少且零散、泌蜜量少的区域，适合饲养节省饲料、善于利用零星蜜源的蜂种。

（4）尽量选择本地区蜂场已用过证明表现好的蜂种，如果引进以前没有饲养过的新蜂种，最好先培育少量蜂王饲养，考察新蜂种与本场蜂种杂交的配合力，经过一个花期和冬季，确定新蜂种是否适应本地气候、蜜粉源条件，再决定是否大规模换种。

174. 卡意杂交蜜蜂一般能维持多大群势？

卡意杂交蜜蜂是单交种，虽然不是完美杂交组合，但也表现出较好的杂交优势。相比卡尼鄂拉蜂繁殖力增强、分蜂热相对较弱、能维持较大群势。在东北地区，春繁开始卡意杂交蜜蜂群势达 5 框蜂群，到椴树蜜期可繁殖到 15 框蜂左右。

175. 白山 6 号与白山 5 号、松丹 1 号、远东黑蜂配套系Ⅱ型中的哪个蜂种轮回换种好？

白山 6 号无论与白山 5 号、松丹 1 号、远东黑蜂配套系Ⅱ型中的哪个蜂种进行轮回换种，效果都很好。相比较，白山 6 号与松丹 1 号进行轮回换种，杂交后代相对增加了更多的优良基因，子代蜜蜂的表现性状更全面、更有优势。

176. 现在养的是黑环系，去南方繁蜂换哪个蜂种好？

饲养黑环系蜜蜂主要用于生产蜂蜜，冬季去南方繁殖蜂群，到

第2年夏季回来采蜜。建议选择产卵力强、繁殖快、维持大群的蜂种，如白山6号、松丹2号、黄环系或意蜂的不同品系。利用引进的蜂种培育蜂王，与本蜂场的黑环系雄蜂杂交，待新蜂王产卵后，更换黑环系种王以外的其他老蜂王。

南繁结束后，可以继续用黑环系种王培育蜂王饲养，也可以重新引进双喀、东北黑蜂、蜜胶1号、远东黑蜂配套系Ⅰ型、土耳其卡尼鄂拉蜂杂交种Ⅰ型等蜂蜜高产型蜂种。

177. 养白山6号的第2年换哪个蜂种好？

第1年全场已换成了白山6号的子代蜂王，第2年蜂场内的主要父本是白山6号单交种雄蜂，结合饲养目的有多个蜂种可以选择。

侧重生产蜂蜜，可选择黑环系、东北黑蜂、远东黑蜂配套系Ⅰ型等蜂蜜高产型蜂种；以生产蜂王浆为主，选择黄环系、意蜂品系等王浆高产型蜂种；生产蜂蜜兼顾王浆，可选择白山5号、松丹1号、松丹2号等杂交种。

178. 美意、澳意、原意哪个蜂种好？

美意、澳意、原意是意大利蜜蜂的不同品系，3种蜜蜂的蜂王、工蜂、雄蜂体色基本都是黄色，都具有繁殖力强、能维持大群、分蜂性弱、泌浆量高、采粉量高、消耗饲料大、耐热、不耐寒、盗性强等生物学特性。

在相同的条件下，某些经济性状还是略有差异的。产蜜量相比较，美意高于原意、澳意；产浆量相比较，澳意高于原意、美意；消耗饲料相比较，澳意多于原意、美意；越冬死亡率相比较，澳意高于美意、原意。

179. 新疆黑蜂配套系Ⅰ型、Ⅱ型哪个蜂种更适合北方定地饲养?

新疆黑蜂配套系Ⅰ型，蜂王产卵力强、子脾面积大、采集力强、越冬性能好、善于利用零星蜜源、节省饲料。与新疆黑蜂配套系Ⅱ型相比较，采集力、饲料消耗、越冬性能方面更有优势，新疆黑蜂配套系Ⅰ型更适合北方地区定地饲养。

180. 没有时间放蜂，选择哪个蜂种能维持大群且能采零星蜜源?

因时间关系，不能追花转地放蜂，只能定地饲养以生产蜂蜜为主，适合饲养繁殖力强、能维持大群、节省饲料、善于采集零星蜜源的蜂种。建议选择松丹1号、白山5号、新疆黑蜂配套系Ⅱ型、远东黑蜂配套系Ⅱ型等蜂种，南方的蜂场还可以饲养松丹2号、白山6号蜜蜂。

181. 卡尼鄂拉蜂与喀尔巴阡蜂有什么区别?

两个蜂种既有相似之处，又有不同之处。

相似之处，都是黑体色蜂种，产卵力较强，采集力强，善于利用零星蜜源，对外界蜜粉源、气候敏感，育虫节律陡，善于保存实力，耐寒、不耐热，越冬安全，节省饲料，定向力强，不爱做盗等。

不同之处，卡尼鄂拉蜂蜂王粗壮，易发生分蜂热，维持的群势相对弱，性情温驯，蜜房封盖为“干型”；喀尔巴阡蜂蜂王细长，分蜂性低于卡尼鄂拉蜂，维持群势强于卡尼鄂拉蜂，平常温驯，流蜜初期较暴躁，蜜房封盖为“中间型”。

182. 黑环系、双喀、卡尼鄂拉、喀尔巴阡哪个蜂种繁殖快且能维持大群？

黑环系、卡尼鄂拉、喀尔巴阡3种蜜蜂是纯种，双喀蜜蜂是单交种具杂交优势。黑环系、双喀、卡尼鄂拉、喀尔巴阡4个蜂种相比较，在同等条件下，繁殖速度由快到缓、维持群势由强到弱依次是双喀、黑环系、喀尔巴阡、卡尼鄂拉。

183. 双喀、白山5号、松丹1号比较哪个蜂种杂交优势强？

3种蜜蜂都是蜂蜜高产型蜂种，也都是杂交种。由于杂交组配形式和血统结构的不同，产生杂交优势的效果也不同。

松丹1号蜜蜂，蜂王、雄蜂是单交种有2个血统，工蜂是双交种有4个血统，杂交组合完美，杂交优势最明显。

白山5号蜜蜂，蜂王、雄蜂是单交种都含有相同的2个血统，工蜂是三交种含有3个血统，杂交优势比松丹1号弱。

双喀蜜蜂，蜂王、雄蜂都是纯种只含有1个血统，不具有杂交优势，工蜂是单交种含有2个血统，具有杂交优势，与其他2个蜂种相比较，双喀蜜蜂杂交优势最弱。

184. 采蜜不取浆，可以用哪个蜂种与双喀蜜蜂轮回交换使用？

若饲养的是双喀蜜蜂，全蜂场主要父本是双喀血统的雄蜂；而养蜂目的仅为生产蜂蜜。基于这两点，建议引进黑环系、蜜胶1号、东北黑蜂、远东黑蜂配套系Ⅰ型、土耳其卡尼鄂拉蜂杂交种Ⅰ型等蜂蜜高产型蜂种。引进其中的任何一个蜂种，与现在饲养的双喀轮回交换使用都具有明显的杂交优势。如果当地的气候适宜、蜜粉源丰富、蜂群管理良好，蜂蜜就能获得高产。

185. 卡尼鄂拉蜂和双喀蜜蜂哪个蜂种繁殖快？

卡尼鄂拉蜂是纯种，蜂王与工蜂都是纯种，无杂交优势。双喀蜜蜂是杂交种，蜂王是纯种无杂交优势，工蜂是杂交种具有杂交优势。卡尼鄂拉蜂与双喀蜜蜂相比较，双喀蜜蜂繁殖快，能维持大群。

186. 蜜胶1号早春繁殖怎样？

早春外界气温低，昼夜温差较大，蜜粉源缺乏，蜜胶1号蜂王产卵速度相对缓慢，子脾面积小，但子脾密实度高，在新蜂出房前群势下降幅度小。后期随着气温逐渐升高且稳定，蜂群从外界能获得新鲜的花蜜和花粉，新蜂逐渐交替越冬蜂，蜂王产卵积极性高涨，子脾面积扩展增大，繁殖力显著提升，群势增长加快。

187. 用卡尼鄂拉蜂种蜂王培育的子代蜂王产雄蜂是什么原因？

引进种王产卵正常，用其培育的子代新蜂王产未受精卵发育成雄蜂，发生这种现象与种王没有关系。导致新蜂王产未受精卵的原因有多种，总结如下：

（1）移虫育王时，移取了大日龄蜂幼虫，在发育期获取营养不足，导致蜂王先天劣质，生殖系统发育异常，不能正常产受精卵。

（2）处女王在性成熟期受温度、天气影响未能及时出巢婚飞，错过交尾的最佳时期，长时间卵巢发育产未受精卵。

（3）交尾期性成熟的雄蜂量少，出现雄蜂精子成活率低、无精、死精，以及飞行速度低无法追上蜂王等异常现象，导致蜂王授精不足产未受精卵。

（4）寒潮低温或交尾群蜂数少，导致蜂巢温度低，交尾成功后临时储存在侧输卵管中的精子不能正常转移到受精囊中，蜂王产卵时受精囊中无精子与卵子结合，只能产未受精卵。

（5）个别蜂王虽然婚飞正常交尾，但是受精囊内许多单个盘绕的精子取代正常不稳定的精子团，阻碍精子释放，无法完成与卵子的结合，导致蜂王产未受精卵。

（6）蜂王残疾，尤其前足损伤，不能正常测知蜂房大小、类型，只能盲目产大量不成比例的未受精卵。

188. 哪个蜂种采蜜量能达到高加索蜂的水平，同时还能保持较强的越冬群势？

高加索蜜蜂采集力强、进蜜涌、蜂蜜产量高，常出现蜜压缩子圈现象，采集蜂寿命短，椴树蜜结束后群势会大幅度下降。如果秋季断子晚的话，蜂群频繁活动极易造成秋衰，导致越冬蜂群群势弱，增加蜂群越冬的不安全性。

为了达到产蜜量高、能维持强群、越冬安全的目的，可以选择饲养松丹 1 号、白山 5 号或远东黑蜂配套系Ⅱ型等杂交种。在同等饲养管理条件下，这些杂交种维持的生产群势、越冬群势、采蜜量都高于高加索蜂。不足之处，这些蜂种消耗的饲料相对多一些，蜂胶产量低于高加索蜂。

189. 远东黑蜂配套系Ⅱ型与白山 5 号或松丹 1 号能轮换育王吗？

远东黑蜂配套系Ⅱ型培育的子代蜂王及子代蜂王产的雄蜂是单交种，白山 5 号的子代蜂王及子代蜂王产的雄蜂是三交种，松丹 1 号的子代蜂王及子代蜂王产的雄蜂是双交种。

以远东黑蜂配套系Ⅱ型为母本，白山 5 号、松丹 1 号血统的雄蜂为父本，分别是单交种与三交种、单交种与双交种的杂交形式，杂交后的蜂群表现很强的杂交优势。同样，以白山5号、松丹1号为母本，远东黑蜂配套系Ⅱ型血统的雄蜂为父本，分别是三交种与单交种、双交种与单交种的杂交形式，杂交后的蜂群也能产生较强的杂交优势。因此，远东黑蜂配套系Ⅱ型与白山5号或松丹1号是可以轮换育王的，间隔1年轮换育王的效果较好。

190. 1只种蜂王可用几年，之后怎样选用另一个品种?

种用蜂王最好使用2年。

第1年用种王的卵虫培育处女王，与本场的雄蜂交尾，新王产卵繁育的后代工蜂具有杂交优势，繁殖力和采集力都会有所提高。第2年再用种王的卵虫培育处女王，与本场的雄蜂交尾就会发生纯合现象。因为雄蜂是由未受精卵发育而成，其只携带母本的遗传基因，第2年培育的处女王和雄蜂都具备引种母本蜂王的血统，经济性状或略下降。有条件的蜂场，最好每年都购买不同品种的种蜂王。

再次购买种王，要选购与上次品种不同的种王，以确保杂交优势。

购买的种王如果是做种群使用的，种王要放在小群内饲养，防止发生自然飞逃。种王群繁殖快，可以采用撤出封盖子脾的方法，延缓群势强壮，以保护种王。购买种王时要计划好时间，如果种蜂场6月才开始供王，购回种王后秋季才能大批换王或第2年使用。

191. 双喀做母本、美意做父本，培育的蜂王是不是白山5号?

不是。组配白山5号蜜蜂的母本双喀，是以卡尼鄂拉蜂近交系为母本，以喀尔巴阡蜂近交系为父本。母本、父本是通过人工授精技术，采用兄妹交配、父女回交、母子回交等近交方法，多代次培育获得的高纯度近交系。同样，组配白山 5 号蜜蜂的父本美意，也是通过多代兄妹交配培育的高纯度近交系。

推广出售的双喀蜜蜂，是以卡尼鄂拉蜂为母本、喀尔巴阡蜂为父本配制而成的单交种蜜蜂，其中母本、父本都是纯种，不是高纯度的目标近交系。同样，美意也是纯种，也不是高纯度的目标近交系，与组配白山 5 号的亲本卡尼鄂拉蜂、喀尔巴阡蜂、美意蜜蜂的目标近交系相差甚远。因此不能简单地认为，引进双喀做母本、美意做父本，培育的蜂王就是白山 5 号。

192. 引进双喀、美意×浆蜂，能组配松丹 1 号和松丹 2 号吗？

日常引进的双喀、美意×浆蜂是纯种之间的组配，不是近交系的组配，不能成为组配松丹 1 号、松丹 2 号的目标父、母本。松丹 1 号、松丹 2 号的育种素材是 4 个近交系，每个系采用人工授精的方法，通过多代兄妹交配、母子回交等筛选出松丹 1 号、松丹 2 号的父、母本近交系。认为只要引进双喀、美意×浆蜂种王，就可以组配松丹 1 号、松丹 2 号蜜蜂，这种想法是简单、片面和错误的。

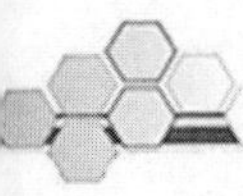

十、人工育王

193. 春季什么时间开始育第一批蜂王？

长白山区春季人工育王一般在 5 月 1 日左右。春季育王要根据蜂群群势、气温情况、进蜜进粉情况、蜂群内是否有封盖的雄蜂蛹来决定。所有条件都具备，即可人工育王。

春季育王的目的是分群、组织双王群或更换产卵不好的蜂王。移虫后新王 10～12 天出房，处女王出房到交尾产卵需要 10 天左右，总共需要 20 天以上才能使用新产卵王。也就是说 5 月 1 日开始育王，到 5 月 20 日之后才能使用新王。如果育王太晚，椴树 6 月下旬开花进蜜时，新王对繁殖采蜜群的帮助就会很小，新分的蜂群也不能繁殖成采蜜群。

以繁殖为主的蜂场，可以多育王、多分群。以采椴树蜜为主的蜂场，少分群、分强群。

194. 秋季还能培育蜂王吗？

秋季前期，在气候、蜜粉源、蜂群有利的条件下，可以利用强群培育一批蜂王，待新蜂王产卵后，酌情分蜂或更换一些老劣蜂王，为繁殖越冬蜂和下一年的蜂群繁殖创造有利条件。7 月末至 8 月初，气候温暖、蜜粉源丰富，蜂群中还有大量的雄蜂，此时培育蜂王比较适宜。

195. 一个育王群1次能育多少个王台？

培育蜂王，除人为控制王台数量外，与育王时外界气温高低、育王群的质量、饲料贮存量、育王群的蜂脾关系、移虫者的技术等相关。一个好的育王群必须是群强、蜂多、饲料足。育王时蜂群内的蜜粉贮存要多一些，工蜂适当密集些，让每一个王台都能得到充分的饲喂和照顾，这样新王出房后个体大且健康活泼。

春季4月末到5月10日育王，每个育王群育20多个王台即可。这个时期外界气温不稳定，经常有寒潮，植物开花的种类不多，蜂群繁殖条件不够好，且蜂群还没有满箱。

5月20日到8月20日育王，外界气温稳定，蜜粉源植物开花多，蜂群强壮，每个育王群可以育30多个王台，最好控制在35个以内，这样育出的蜂王质量好。

196. 人工育王时蜂王几天出房？

从卵发育成蜂王的整个发育期是16天，卵期3天、虫期6天、蛹期7天。人工育王移取1日龄内的幼虫，16天减去4天剩12天，也就是说移虫育王后12天新蜂王出房。

人工育王时，一定要计算时间，做好新王出房后的分群或组织交尾群等工作。移虫后的第11天，一定要把王台取出使用或单个储存，千万不能让新王在育王群内出房，蜂群内不允许2只及以上蜂王共存。新王出房4～6小时后就具备了破坏能力。如果到日龄后不及时处理王台，多只新王在一个群内出房就会发生相互攻击，最后只剩下1只蜂王。有时先出房的新王把成熟王台全部破坏，导致人工育王失败。移虫时，不能保证幼虫是1日龄内的，需要在移虫后第10天把王台取出使用或单个储存。储存王台最好使用隔成多个小空间的储王笼，且要有饲料。

197. 移虫前向王台内滴一些王浆有利于育王吗？

育王移取的是卵孵化后1日龄内小幼虫，哺育蜂为其提供的饲料是对应日龄的蜂王浆。如果移虫前滴一些蜂王浆，或把小幼虫移到刚取出蜂王浆的王台基内，这些蜂王浆会成为孵化后72小时幼虫的食物，而不是1日龄内幼虫的食物，无法满足小幼虫的营养需求，直接影响蜂王的发育。实验研究表明，移虫前提供蜂王浆来培育的蜂王，其初生重小、质量差。如果一定要使用蜂王浆，建议提供与小幼虫日龄匹配的新鲜蜂王浆。

198. 复式移虫的要点是什么？

复式移虫比一次移虫能提高移虫接受率，培育出的蜂王初生重大、稳定、质量好，只是操作流程较烦琐。移虫时应注意：

（1）合理选择初移、复移时间，尽量缩短初移与复移幼虫间的虫龄，保证二者幼虫的食物适合、匹配。如果在前一天的下午初次移虫，次日的早晨就要复式移虫；如果在早晨初次移虫，当天傍晚就要复式移虫。

（2）注重移虫的虫龄，尽量增加幼虫在王台中的发育时间。初移时也要尽量选择孵化1日龄内、王浆多、外表光泽的小幼虫。为了提高接受率，可向育王框上部浇糖浆，或利用无王群哺育。复移的幼虫，也采取同样的方法移取。

（3）二次移虫前，小心提取育王框，细心夹除王台中的幼虫。切记不能将幼虫底部的王浆弄散，尽量保持原样。复移幼虫尽可能移放在初移幼虫的位置上，并及时将育王框放入育王群中哺育。

199. 王台基尺寸是否影响蜂王的大小？

超大的王台基不会培育出大的蜂王，只会给工蜂增加改造负担，如果改造不成功，还会影响蜂王发育。

一般王台底部内直径为8毫米，距底部高10毫米处的直径为10毫米。超大王台基如果台基壁薄，工蜂就会咬掉蜡壁使台基变低，再重新泌蜡修造成标准王台。如果台基壁厚，工蜂在短时间内无法去除台基壁，只能从王台上端一侧向内泌蜡修筑台口，形成偏圆口畸形王台，影响蜂王的发育。同样，超小的王台基，工蜂也要改造。

200. 育王群强且群内饲料充足，但王台接受率依旧不高的原因是什么？

正常情况下，饲料充足、育王群强的王台接受率应该很高，往往需要人为地控制王台数量。可是在实际育王中，会出现王台接受率低的现象，这可能由以下原因造成：

（1）移虫前，王台基工蜂清理的时间短，修整不到位，移入王台的幼虫极易被工蜂放弃哺育。

（2）移虫技术不娴熟，幼虫受到损伤；或移入外表无光泽的幼虫，这种状态的幼虫将要蜕皮、停止取食，移入王台易死亡。

（3）移虫环境不良，温度过低冻伤幼虫，气候干燥、大风使幼虫脱水，或阳光直射灼伤幼虫。

（4）育王群出现严重的分蜂热，蜂群已经培育少量的自然分蜂王台，排斥放入蜂群的王台并放弃哺育；或产卵区的蜂王进入育王区；或遗漏的自然王台蜂王出房伤害幼虫。

（5）育王群内无雄蜂，工蜂认为蜂王出房后无法完成婚飞交尾，面临灭绝的危机，故放弃哺育幼虫。

（6）外界气温骤升时，育王群的巢温也会升高，工蜂为了保持巢温的稳定，会远离子脾到蜂巢的外围及巢门外栖息，导致放在子脾间的王台幼虫得不到及时哺育而死亡。

201. 在良好的育王条件下，大的卵是否可以孵化培育出更健壮的母蜂？

可以。使用大卵培育出来的处女王初生重比正常卵培育出来的处女王初生重高10%左右；大卵培育出来的处女王更健康，比正常卵培育出来的处女王早产卵1～2天。

202. 可以通过控制蜂王产卵量的办法来获得个体相对较大的受精卵吗？

可以。在移虫育王前10天左右，将蜂王幽闭，或者介绍给小群控制蜂王产卵量，到移虫前4～5天放出蜂王恢复产卵，就能获得个体相对较大的卵孵化的幼虫。

控制蜂王产卵可以用隔王板或控产器，把蜂王限制在1～2张脾上。不要把蜂王完全幽闭，防止其产雄蜂卵。

203. 育王时30个塑料王台接收幼虫29个，出房26个处女王，剩下3个王台未出房，2天后发现幼虫已死亡，为什么？

用塑料王台基育王接收率达到96%、出房率达到86%，育王成功率已经很高，其中3个王台没有出房且幼虫死亡的原因可能是：

（1）移虫时不小心碰伤了幼虫，受伤的幼虫发育到一定时期，有些组织器官不能正常生长，幼虫停止发育并死亡。

（2）育王群群势小或者蜂少于脾，这3个王台封盖后哺育蜂疏于照顾，导致王台内幼虫死亡。

（3）育王群内饲料不足时，哺育蜂会放弃对一部分王台的哺育，导致个别王台内的幼虫死亡。

(4) 王台内的幼虫在发育过程中，感染病原微生物或者移入的幼虫本身不正常，发育到一定程度就会停止发育，最终死亡。

(5) 移入王台的幼虫是雄蜂幼虫，也不能正常发育出房。

移虫育王时，移入王台内的幼虫最好是刚孵化1日龄内的，巢房底有一层王浆包围。如果移虫时无法用移虫针一次取出幼虫，那么这样的幼虫就要弃用。另外，育王群要群壮蜂多、饲料充足。

204. 养蜂1年多尝试移虫育王，一个王台未按时出房，扒开看发现一只死工蜂，这是怎么回事？

这种现象极少见，分析是由于养蜂员养蜂时间短，移虫操作技术不熟练，不能很好地辨别幼虫日龄，移到王台基内的幼虫大于3日龄。这样的幼虫在王台基内会发育成蜂王与工蜂的中间体，外观既像蜂王又像工蜂，不仔细观察很容易认定是工蜂，不能正常羽化出房，最后死在王台内。

要培育优质蜂王，需要掌握移虫技术及分辨虫龄的能力。移虫操作时，从工蜂房中准确选择孵化1日龄内的小幼虫，同时加强育王群的管理，确保幼虫在王台中正常发育，移虫后12天，蜂王就可以正常羽化出房。

205. 引进多个蜂种同时育王可行吗？

引进多个蜂种同时育王的做法是不科学的。每个蜂种的生物学特性各具特点，一次性引进多个蜂种同时育王、饲养，易造成血统混杂，会出现部分子代没有杂交优势，达不到引种的目的。建议每年引进一个符合条件的蜂种，培育子代蜂王进行杂交，利用杂交优势，避免混乱杂交的现象发生。

206. 同一只种王培育的后代蜂王，有的蜂群子脾密实度好，而有的蜂群出现插花子脾，这是什么原因？

蜂群出现插花子脾，除幼虫病、螨害、气温超高或过低、饲料缺乏等因素外，还有其他一些诱因。例如，给蜂群加产卵脾时，选用了硫黄熏蒸挥发时间短的巢脾，个别巢房存在硫残留，蜂王产下的卵会中毒死亡；工蜂清除后，蜂王再重新产卵，经过多次产卵、清除，直到硫挥发干净后产下的卵才能正常孵化，这样就造成插花子脾的现象。此外，向蜂巢撒升华硫粉时操作不当，升华硫粉伤害巢房里的幼虫，也会造成插花子脾的现象。

蜂王病变不能正常产卵，如蜂王的直肠出现形状多变的结石，对输卵管产生压迫，阻碍正常产卵，就会出现插花空房现象。近亲交配的蜂王，在繁殖中会插花产下不孵化而干瘪的卵，高度近亲的蜂王表现更为严重，所以蜂场要定期引种，避免近亲繁殖。

207. 育王时通常在育王框两侧放置子脾，在椴树流蜜期育王框用蜜脾夹放，培育的蜂王质量也很好是什么原因？

在东北非椴树流蜜期，蜂群很难同时具备温度高、进蜜涌、哺育负担小的条件，所以育王时通常在育王框的两侧放置子脾，引诱更多的哺育蜂哺喂蜂王幼虫、护理王台，以使蜂王正常发育。

椴树流蜜期，外界气温高，蜜粉源条件好。为了降温以维持巢温的稳定，尤其是产热高的子脾区，大量的青壮年蜂栖息在无子的巢脾上，或蜂巢外围，或巢门口处。此时期巢内虫脾数量少、负担轻，育王框放置在蜜脾中间温度适宜，会聚集大量的泌浆工蜂哺育蜂王幼虫，泌蜡工蜂筑造优质王台，培育蜂王质量自然也非常好。

208. 有王群和无王群育王有什么差别？

无王群表现为工蜂振翅、慌乱、减少采集蜜粉、停止筑造巢脾等，蜂群处于非正常状态，急迫需要蜂王来维持蜂群稳定。当蜂群出现王台时，很容易被接受。无王群培育蜂王，王台会提前封盖，培育出来的蜂王初生重普遍降低，质量不佳。

春季蜂群不是很强还要早育王时，可以把移好虫的育王框放到无王群中，提升王台的接受率。12 个小时后，再把育王框从无王群中取出，放到有王群中完成蜂王培育。

209. 用自家蜂种培育蜂王、新引进的蜂种培育雄蜂，如何组配杂交种？

以自家蜂场的蜂种为母本，引进的蜂种为父本，这种杂交种的组配方法相对烦琐。如果引进的父本是纯种，直接培育父本雄蜂难度大：一是种王群一般都不是很强壮，很难直接培育雄蜂；二是种群数量少，一般只有 1～2 群，培育雄蜂数量也较少，不能满足蜂王交尾需要；三是需要将其他非种用雄蜂清除干净，费时费力，工作量大。

如果引进的父本是杂交种，那么直接培育的雄蜂不是目标父本，如双喀种蜂群直接培育的雄蜂是卡尼鄂拉蜂，不是双喀雄蜂，达不到获取双喀父本雄蜂的目的。

解决的方法就是利用引进的种王，移虫育王培育子代蜂王，待新蜂王产卵后替换原来饲养的蜂王，这样除母本种群外，蜂场内产生的雄蜂都是引进蜂种的血统。

在移虫育王前 20 天，选择部分强群加雄蜂脾培育雄蜂，增加雄蜂的数量，为蜂王交尾创造雄蜂数量优势，这样才能完成组配杂交种的计划与目标。

210. 育王时是否需要人工培育雄蜂？

非常有必要培育雄蜂。蜜蜂是有性生殖，雌雄蜜蜂交配后蜂王才能产出受精卵。雌雄双方的性状同时影响着下一代的表现。培育蜂王时，既要挑选优秀的母群和育王群，也要挑选繁殖好、采集力强、抗病力强等蜂群做父群，培育雄蜂。

培育蜂王时移虫后 12 天处女王出房，出房后 6～10 天性成熟，共需 18～22 天。雄蜂从卵到新蜂出房需要 24 天，出房后 8～10 天性成熟，共需 32～34 天。因此，在育王前 15～20 天就要培育雄蜂，雄蜂脾加入后需要 1～3 天的清理修造。

培育雄蜂前，挑选出合适的蜂群，喂足饲料，让工蜂密集，加入雄蜂脾。没有雄蜂脾，加雄蜂房多的巢脾，或在群内找一张巢脾，切掉巢脾下部 5～10 厘米宽，工蜂很快会把这一部分改造成雄蜂房。培育雄蜂的蜂群，每张脾上的蜂数要比正常繁殖的蜂群多些，群内的蜂蜜、花粉储备多些，否则雄蜂幼虫容易被弃养。雄蜂子脾封盖 2～4 天后即可移虫育王。

211. 工蜂房与王台中的卵有何区别？

工蜂房中的卵与王台中的卵都是受精二倍体卵，具有相同的遗传物质，二者是一样的，没有区别。

一样的受精卵，最终分化发育成蜂王和工蜂，是幼虫期发育的环境与饲料的差异所致。哺育蜂根据幼虫发育空间的大小，对两种幼虫提供了不同质量和数量的食物。

工蜂房中卵孵化的幼虫，初期饲料是哺育蜂分泌的蜂王浆，3 日龄后的幼虫只能吃到花蜜和花粉的混合饲料，最终发育成工蜂。王台中的卵孵化的幼虫，直到王台封盖吃的都是哺育蜂分泌的王浆，每次得到的王浆量是工蜂幼虫的 10 倍，量足、新鲜且营养成分高，最终发育成蜂王。

212. 处女蜂王一般出房后几天开始产卵？

处女蜂王出房后要经过认巢试飞和交尾才能开始产卵。处女蜂王一般在出房后的 4～6 天完成认巢试飞，在出房后的 6～15 天晴朗的午后外出与雄蜂交尾，与雄蜂交尾后一般 2～3 天开始产卵。因此，处女蜂王出房后，一般 8～18 天开始产卵，超过 18 天还没有产卵的处女蜂王可以淘汰。

213. 新蜂王见卵后如何判断其产卵是否正常？

检查交尾群时，根据蜂卵状态可以判断新蜂王的质量优劣，不用等卵孵化成虫时再去判断，这样可以提早选定蜂王，有效提高交尾群的利用效率。

新蜂王如果从蜜蜂最集中地方开始产卵，每个巢房底部产 1 粒粗壮的卵，卵色泽鲜艳，且着房位置、倾斜方向一致，无空巢房，形成卵圈并以螺旋顺序扩大，依次扩展到临近的巢脾上，中央巢脾的卵圈最大，左右巢脾依次减小，说明这只蜂王产卵正常。

如果卵圈还没有产满卵，在已产过卵的区域出现无卵空房，那么这样的蜂王不宜用于生产。蜜蜂集中占据的巢脾都产满卵，外围缺少工蜂清理的巢房，出现一房多卵，这样的蜂王也属正常，等到条件改变，蜂王产卵就会恢复正常。

如果巢房中的卵明显细小而色暗，着房位置各异，东倒西歪，或单粒卵，或多粒卵成堆，那么这类蜂王应尽早淘汰。

214. 为什么大群（继箱群）新蜂王产卵时间较晚(8~9 天)，小群（交尾群）产卵时间较早（6~8 天）？

新出房的处女王，在没有出巢交尾前，主要任务是反复巡视巢脾，寻找并攻击对自身构成威胁的其他新蜂王，破坏王台阻止产生其他新蜂王。大群（继箱群）群势强，蜂巢内蜂多、子脾多、巢脾多，处女王巡视蜂巢占用时间很长，只有当威胁彻底解除后，才能出巢婚飞交尾。因此，大群（继箱群）处女王交尾的时间向后推迟，新蜂王常在出房后 10 天左右开始产卵。

相反小群（交尾群）蜂少、巢脾数量少，处女王彻底巡视蜂巢所用的时间短，一旦天气条件允许，性成熟的处女王就能及时出巢婚飞交尾，通常在出房后 7 天左右开始产卵。

215. 交尾群导入王台好还是诱入处女王好？

交尾群是为了处女王婚飞、生活和活动而组成的特殊蜂群，包括临时组织的无王群、失王群等。交尾群是导入王台，还是诱入处女王，应视不同情况选择确定。

由幼蜂、无子脾或幼蜂带子脾组成的无王群，适宜诱入处女王，易接受，成功率高。为了尽早交尾，最好诱入出房 3 天左右的处女王。

含有青、壮、老年蜂的无王群，适宜导入将要出房的成熟王台。处女王出房后，直接融入蜂群中成为交尾群，成功率高。需要注意的是，这类无王群一定要有子脾，否则要从其他群调入子脾，将王台粘固在子脾上，利于聚集蜜蜂保温护理王台，防止低温冻伤蜂王而不能正常羽化出房。

216. 检查交尾群时发现一只蜂王正常存在，多出一只蜂王被围是什么情况？

这种情况经常出现，交尾群的蜂王正常存在，另外多出一只被围的蜂王。被围的蜂王是归巢时误入群的，早发现并解救及时的话，这只蜂王无严重损伤，放飞后还可以飞回原群。但是由于被围，气味发生改变，飞回原群也会遭到工蜂的围攻，最终难逃厄运，失去利用价值。因此，在交尾群中发现多余的被围蜂王，应该直接淘汰，同时检查其他交尾群，找到失王群，及时诱入新蜂王。如果被解救的蜂王外观正常、无损，可以诱入新的无王群，观察是否能继续利用。

217. 蜂王交尾几次才能正常产卵？

蜂王交尾在巢外飞翔中进行，处女王和雄蜂飞行交尾的过程称之为婚飞。处女王在一次婚飞中，能与多只雄蜂交尾。每次交尾后，蜂王会把精子转移到受精囊中，供其一生产卵之用。

如果婚飞时蜂王受精不足，还可以在当天或数天内进行第二次婚飞。一般情况下，处女王出巢交尾一次就能正常产卵。出巢交尾次数，与当时的气候条件和交尾时雄蜂的数量有关。在不适宜的气候条件下交尾，蜂王仅接受少量精液，产卵后通常会被提早替换。

产卵后，蜂王终生不再交尾，也不轻易离巢。

218. 分蜂热严重的蜂群，自然王台培育的处女王比人工移虫培育的处女王质量好是什么原因？

自然分蜂王台育出的蜂王肯定比人工移虫培育的蜂王质量好，原因如下：

（1）分蜂热严重的蜂群，蜂王产卵速度下降、产卵量大减，蜂王向自然分蜂王台产下的是大卵，大卵育出的蜂王初生重大、质量优。人工育王移取的幼虫，很难保证是大卵发育而成的幼虫。

（2）产生分蜂热的蜂群，卵虫少、蛹脾多、哺育蜂多，且产生相同日龄幼虫的王台数量少，加之蜂群饲料充足、强壮，蜂王幼虫可以得到充足的哺育。人为组织的育王群，很难确保卵虫、哺育蜂的最佳比例以及王台的最佳匹配数量，使蜂王幼虫难以得到最佳的哺育。

（3）自然分蜂王台发育的蜂王，从卵孵化幼虫那一刻起，就在王台中享受蜂王幼虫的待遇，每隔5秒被哺育蜂提供一次王浆。人工培育的蜂王，是人为把工蜂房中的小幼虫移入王台中，幼虫进入王台后才享受到蜂王幼虫的待遇。之前1日龄内小幼虫在工蜂房发育期间，每隔1小时才被哺育蜂饲喂一次，每次得到食物量约为王台中同龄幼虫的十分之一，食物中的某些营养成分含量远低于王台中的小幼虫。仅从这一点看，人工培育的蜂王体质天生不及自然分蜂王台育出的蜂王。

（4）蜂群准备分蜂时，为避免新蜂王出房与老蜂王斗杀，工蜂会阻止到期新蜂王出房，通过咬开的缝隙饲喂新蜂王。如果在这期间检查蜂群，往往发现新蜂王刚从王台内出房，看上去体色深、健壮、活跃，比人工培育的蜂王出房时表现成熟，其实这类蜂王已经发育成熟，早就应该出房。

（5）自然分蜂王台，多位于子脾下端及边缘，是蜜蜂选择最佳位置筑造的。此处凉爽，分蜂期青壮年蜂栖息聚集于此，高效哺育幼虫、泌蜡筑台，保持王台温度稳定，蜂王健康发育。人工育王的王台放置在子脾之间，高温期会有大量青壮年蜂脱离，蜂王幼虫得不到充足的哺育，且筑造王台壁薄，王台温度不稳定，蜂王发育迟缓。

219. 外界气温高，育王群也很强壮，但培育的王台壁薄，蜂王出房相对晚，为什么？

正常情况下，繁殖期卵虫发育的巢温是34～35℃，是青年工蜂咽下腺、蜡腺活性最适宜的温度，也是分泌蜂王浆、蜂蜡最适宜的温度。在此温度范围内，育王群中育王框上的蜂王幼虫吸引大量的泌浆工蜂对蜂王幼虫哺育，也会有大量的泌蜡工蜂泌蜡增高、加厚修筑王台，直至王台成熟。

当外界气温骤升时，育王群的巢内温度也会大幅升高。为了保持巢温的稳定，大量青壮年蜂远离产热高的子脾、王台，到蜂巢的外围及巢门外栖息。这样造成聚集在王台周围泌浆、泌蜡青年工蜂数量减少，蜂王幼虫被饲喂王浆的数量及频率降低，王台筑造所需蜂蜡量也相应减少。最后导致蜂王营养不良，发育迟缓，王台壁薄，外壁蜡纹路浅。

高温期育王时，育王群要叠加空箱扩大空间，应采取通风、遮阴、浇水等降温管理措施，并及时把育王框两侧产热高的封盖蛹脾调换成小幼虫脾，降低育王区的温度，利于青年工蜂聚集泌浆哺育蜂王幼虫、泌蜡筑造王台，提高育王质量。

220. 育王群中有雄蜂是否会影响育王质量？

不影响，相反育王群中存在适量的雄蜂利于提高育王质量。

蜜蜂种群繁衍离不开雄蜂。自然状态下，蜂群要发生自然分蜂，首先要培育父本雄蜂，然后才营造王台培育蜂王。如果蜂群内没有雄蜂，蜜蜂会有种群灭绝的危机感，失去培育蜂王的动力，即使人为强行育王也会怠工哺育，蜂王质量不佳。育王群有一定比例的雄蜂会极大地刺激蜂群培育蜂王的积极性，能够提高移虫的接受率和蜂王的质量。

建议在育王时，如果发现育王群中雄蜂数量较少，则应在移虫育王前 3 天从父群提出一张正在出房的雄蜂脾放入育王群，以增加育王群的雄蜂数量。

221. 蜂王与本场雄蜂交尾的概率有多大？

在蜂王交尾区域内，若无其他蜂场，采取了有效的交尾隔离措施，同时本场培育的性成熟雄蜂数量多、质量好，处女王婚飞时都是与本场的雄蜂交尾，概率是百分之百。

若是蜂王交尾区隔离不到位，处女王婚飞时就会有其他蜂场的雄蜂参与交尾，本场雄蜂参与交尾的概率降低。其他蜂场的雄蜂越多，处女王与本场雄蜂交尾的概率就越低。

222. 如何管理好种王群？

种王群是种王生活、产卵的特殊蜂群，为了高效利用种王，保证种王安全，需要做好种王群的饲养与管理。

（1）保持中等群势繁殖。由于种王受精囊里的精子数量有限，会越产越少，所以繁殖期要控制加脾的速度，定期用控产器控制种王产卵。这样做可以有效地预防种王分蜂飞逃，同时能获得大卵孵化幼虫育王，延长种王使用寿命。

（2）开箱检查蜂群时，必须先找到种王，留意种王的位置，保护好种王。不得已捉种王时，用拇指与食指轻轻从种王背后向前捏住双翅，慢慢放在蜂路上，让其自行爬入巢内。

（3）预防盗蜂，外界无蜜源时不要开箱检查。必须开箱时，尽可能在外界无蜂飞翔的早晨或傍晚进行，同时缩小巢门。补喂饲料选在夜晚进行，饲喂数量以保证种群在一夜间能够彻底清理干净为宜。

（4）与种群接触的工具要定期消毒，适度保温或遮阴，通风防潮，长期保持饲料充足，喷雾化杀螨药时尽量不要直接对着种王。

（5）每个蜂种都不可能尽善尽美，日常管理中要针对蜂种的不足之处给予恰当的管理。例如，意蜂品系消耗饲料较多，在外界蜜粉源缺乏时，需要人为补喂饲料；某些黑体色蜂种繁殖的越冬群群势小，越冬不安全，需要有计划地提前从其他蜂群调入蛹脾或幼蜂来补充加强。

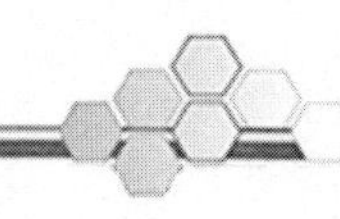

十一、病虫害防控

223. 蜜蜂病虫害常见的症状有哪些？

蜜蜂感染或侵染病虫害后会表现出各种不正常的反应，由于病原不同、病蜂日龄不同，表现出来的症状也大不相同，但还是有一些共性的症状。常见的症状主要有：

（1）腐烂。常见于蜜蜂幼虫病害，蜜蜂组织细胞受到病原微生物的寄生而被破坏，或某些非生物因素致使蜜蜂死亡，蜜蜂组织细胞分解、腐烂。

（2）变色。常见于蜜蜂幼虫病害，患病幼虫由珍珠白色变为黄色、黄褐色甚至深褐色。成年蜂患病常见腹部变为黑色。

（3）畸形。成年蜂患病后，大多会表现畸形症状，如肢体或翅膀残缺、卷翅、腹部膨胀等。

（4）花子。这是蜜蜂幼虫病特有的现象，患病幼虫被内勤蜂清理后，继而蜂王又在空巢房内产卵，造成在同一子脾上既有健康的封盖子、空巢房、卵房，又有日龄不一的幼虫房相间排列。

（5）穿孔。这也是蜜蜂幼虫病特有的现象，患病后封盖子脾房内的幼虫、蛹死亡，内勤蜂啃咬房盖后产生小孔。

（6）爬蜂。这是成年蜂病害特有的现象，无论是什么原因引起的病害，患病蜜蜂都因病原微生物侵袭而导致机体虚弱或损伤，失去飞翔能力，病蜂在蜂箱底部或蜂箱外等处爬行。

224. 给蜂群用药治病需要注意哪些问题？

蜂产品大多是可以直接食用的健康食品，重视食品安全是养蜂人的第一要务。给蜂群用药治病虽然是必不可少的手段，但是为了蜂产品安全，在给蜂群治病时必须遵守用药原则。

（1）不使用国家禁用药物，合理应用允许使用的药物，处于休药期内的蜂群喂食药物后，不能参与蜂产品生产。

（2）预防性用药时，可用可不用的药物尽量不用，病原不明时不用药。

（3）用药前掌握适应证，对症下药。病毒病无合适药物，抗真菌、抗原虫药物属于禁用药。抗生素的适应证只有细菌病，不适合病毒病、真菌病、原虫病的治疗。

（4）准确掌握用药量，不宜过大或过小。用药量过大，易使蜜蜂发生中毒；用药量过小没有效果，易使病原微生物产生耐药性。

（5）用药过程中应注意观察蜂群的变化，症状好转时应坚持继续用药，疗效不好应考虑是否用药选择不当、用药量不足、给药方式不妥、诊断有误等，及时调整治疗方案。

（6）使用新药时，先以少量蜂群试用，确认安全有效后再用于全场蜂群。为防止病原微生物产生耐药性，不要长期使用一种药物，应选用 2 种以上药物交叉使用。

（7）每次用药必须有详细记录，记录蜂群基本情况、天气状况、病害名称、患病程度、用药时间、用药处方、药物来源、用药量、用药途径、用药天数、病情变化、结束时间等。

225. 哪些药物是国家禁用药物？

目前，给蜂产品造成严重威胁的农兽药主要有：氯霉素、磺胺类、氟喹诺酮类、硝基咪唑类、硝基呋喃类代谢物、四环素类等，由于这些药物对人的身体健康有明显的毒害作用，因此成为农兽药残留监控的重要内容。

根据《食品动物中禁止使用的药品及其他化合物清单》农业农村部公告第250号，氯霉素及其盐、酯、硝基咪唑类、硝基呋喃类、氨苯砜、呋喃丹（克百威）、杀虫脒（克死螨）等21类药物禁用于包括蜜蜂在内的所有食品动物。

226. 双甲脒是国家禁用蜂药吗？

双甲脒不是国家禁用蜂药。农业部第 235 号公告《动物性食品中兽药最高残留限量》规定，蜜蜂中使用双甲脒最高限量不得超出 200 微克/千克。双甲脒系广谱杀螨剂，主要是抑制单胺氧化酶的活性，具有触杀、拒食、驱避作用，也有一定的内吸、熏蒸作用。此药品具有较强的刺激性，对人的眼睛、鼻子和嘴产生轻、中度刺激，因此需要做好防护措施。

227. 如何选择和正确使用蜂药？

在蜂病防治过程中，除了加强蜂群自身管理，提高蜂群的抗病力，总是避免不了使用药物治疗。当选择蜂药时，一定要从合法经营的渠道或正规的生产厂家购买，要仔细查验蜂药包装上的各种信息，如兽药管理部门的批准文号、批准文号的格式、生产厂家、生产日期、有效期、成分、适应证、规格、用法用量等。使用时，严格按照蜂药使用说明书给蜂群施药。只要是“药”，对蜜蜂都会有不同程度的副作用，所以平时应注重蜂群的饲养管理，加强蜂群抵抗力。

228. 蜜蜂感染腐臭病，蜜脾上的蜂蜜还能喂蜂吗？

蜜蜂幼虫腐臭病有 2 种：一种是美洲幼虫腐臭病，另一种是欧洲幼虫腐臭病。这 2 种幼虫腐臭病，都属于细菌性传染病。

（1）美洲幼虫腐臭病。是养蜂生产上的一种毁灭性病害，一旦发病就很难根除，不但使蜂群削弱，而且采集力也大大降低，甚至失去生产能力。当个别蜂群染病后，若不及时发现并隔离治疗，很快会使其他无病蜂群感染发病。该病菌主要通过被感染的饲料、巢脾等途径传染，对外界环境具有很强的抵抗力，在不利的环境下也能够形成芽孢，其芽孢在巢脾里、病虫尸体中、蜂蜜和蜂箱里能生存一二十年，遇有适宜的条件便可重新生长致病，扩大传染。该病菌的致死温度在水中为100℃、10分钟，在蜂蜜中为100℃、40分钟。

（2）欧洲幼虫腐臭病。也是一种世界性、广泛发生的传染病，传播快，危害性大。该病菌对不良环境抵抗力较强，在干燥的幼虫尸体中可保持生活力达3年之久，在巢脾和蜂蜜中保持活力1年左右。该病菌的致死温度在水中为63℃、10分钟，在蜂蜜中为79℃、10分钟。西方蜜蜂患此病一般不严重，通常无须治疗，往往一些患病蜂群可“自愈”。患病严重的蜂群和清巢能力差的弱群，应结合换箱、换脾和全面消毒的措施进行治疗。

无论蜂群得了哪种腐臭病，蜜脾上的蜂蜜都不能用来喂蜂，建议将蜜脾焚烧掩埋处理，防止传染给其他蜂群。坚决不喂来源不明的饲料，若用蜂蜜或花粉做饲料，必须煮沸或蒸煮消毒40～60分钟。

229. 如何区分美洲幼虫腐臭病和欧洲幼虫腐臭病？

区分美洲幼虫腐臭病和欧洲幼虫腐臭病的方法很简单，只要掌握2种幼虫腐臭病的典型症状，就可以很容易地将它们区分。

美洲幼虫腐臭病侵染2日龄幼虫，4～5日龄发病，腐烂幼虫有黏性，能拉成2～3厘米的长丝状，散发类似鱼腥臭味。虫体失水干瘪后似黑褐色鳞片状，紧贴在巢房壁下方不容易被清除。患病幼虫死亡多发生在封盖后前蛹期，少数在幼虫期或蛹期死亡。如蛹期发生死亡，死亡的虫体伸直，头伸向巢房口，干瘪后的“吻”向上方伸出，形如伸出的舌。

欧洲幼虫腐臭病侵染2日龄内小幼虫，腐烂的虫体稍有黏性但不能拉成丝状，散发难闻的酸臭味。虫体干枯后变为深褐色鳞片状，用镊子很容易夹出。患病幼虫通常在4～5日龄未封盖时死亡。

230. 看蜂时，如何快速判断蜂群是否感染了幼虫病？

蜂群常见的传染性幼虫病有 4 种：美洲幼虫腐臭病、欧洲幼虫腐臭病、囊状幼虫病和白垩病。

如果蜜蜂幼虫被病原微生物侵染患病，虫体的颜色、状态等都会逐渐发生变化，患病幼虫也会在不同时间死亡。通过不同致病病原微生物感染蜜蜂幼虫的典型症状，看蜂时就可以轻松地做出鉴别诊断。

看蜂时，能够闻到蜂群散发出的臭味，可以初步诊断蜂群感染了美洲幼虫腐臭病或欧洲幼虫腐臭病。如果闻不到任何臭味，则可能是感染了囊状幼虫病或白垩病，或蜂群健康无病。

如果闻到类似鱼腥臭味，可以进一步诊断蜂群感染了美洲幼虫腐臭病；如果闻到酸臭味，可以进一步诊断蜂群感染了欧洲幼虫腐臭病。

用细木棍如牙签挑取腐烂的幼虫，如果有黏性且能够拉起 2～3 厘米的褐色长丝，可以确诊蜂群感染了美洲幼虫腐臭病；如果腐烂的幼虫略微有一点黏性，用木棍挑取不能够拉起长丝，可以确诊蜂群感染了欧洲幼虫腐臭病；如果用木棍挑取腐烂的幼虫，虫体能够形成一个向下的“水囊袋”状，里面包裹着大量的液体，可以确诊蜂群感染了囊状幼虫病。

看蜂时，如果发现幼虫身体膨胀，体表长满了白色的菌丝，白色或黑色石灰状硬块物分散于巢房内、箱底或巢门前，可以确诊蜂群感染了白垩病。

231. 断子治疗幼虫病的时间最长不超过几天？

断子会打破蜂群内的育虫周期，给内勤蜂足够的时间清除病虫和打扫巢房。也会使携带病原的工蜂无虫可哺育，这样新出房的工蜂不用清除病虫，就不会受到感染，在哺育下一代幼虫时不会成为传染媒介。断子后蜂巢内缺少寄主，就能切断传染链，再结合断子后的相应管理，可以很好地治疗蜜蜂幼虫病。

要采取断子方法治疗蜜蜂幼虫病，就必须彻底断子，但最长不能超过24天。断子后，蜂群在20余天的时间里，蜜蜂个体只有消亡没有增长，群势下降。因此，断子结束后重新开繁时，要合并弱群，选留消毒过的巢脾布置蜂巢，密集蜂数保持蜂多于脾，保证蜂蜜、花粉饲料充足，才能有效繁育出健康蜂群。

232. 白垩病用苏打、白灰粉兑糖浆喂蜂是否可行？

白垩病是真菌性传染病，目前为止还没有报道过特效药或好的根治方法。管理蜂群时，要保持场地、箱内相对干燥，群强、饲料足能缓解病情。使用苏打或白灰粉兑糖浆喂蜂未经实践检验，其效果未知。如果想要尝试，应先用1～2群病蜂进行喂蜂试验，如果有效，再考虑扩大饲喂。没有效果则应马上停喂，因为给蜂群乱用药物很可能会产生副作用。

233. 白垩病的典型症状是什么？

蜜蜂白垩病是由蜜蜂球囊菌感染3～4日龄幼虫所致的一种顽固性、真菌传染性病害。在蜂群中，雄蜂幼虫比工蜂幼虫更容易受到感染。患病幼虫为老熟幼虫，通常在封盖后的前2天或在前蛹期死亡。蜜蜂幼虫被病菌感染后，虫体先肿胀、变软，并长出白色的绒毛，后期失水缩小成坚硬的块状物，似白色粉笔样。如果死虫体表形成真菌孢子，干枯后虫体呈黑绿色或黑色块状物。

蜂群发病较轻时，少量虫尸常被工蜂拖出巢房，聚集在箱底或巢门前，有白色、黑色两种。在重病群中，巢脾上可能会留下零散的封盖房，封盖房内有坚硬的虫尸，晃动巢脾时，坚硬的虫尸会发出撞击巢房的声响。

234. 有什么办法治疗白垩病吗？

目前，利用化学药物治疗白垩病效果甚微，抗真菌类药物属于国家禁用药。

白垩病能够造成幼虫大量死亡使群势下降，影响蜂群的发展和蜂产品的产量，但该病不至于造成蜂群全群覆灭。防治该病重点应该放在预防上，饲养抗病力强的蜂种，加强蜂群饲养管理；密集蜂巢，合并弱群，保持蜂脾相称或蜂多于脾；选择地势高燥、背风向阳、空气畅通的场地摆放蜂群，保持蜂箱通风、干燥；定期更换蜂箱，适时对场地、机具及饲料等进行消毒，尤其对花粉饲料必须进行彻底消毒；绝不能给蜂群饲喂陈旧、霉变或来路不明的花粉；及时治螨，保证蜂群饲料充足。必要时，可以选用一些药物，对患病蜂群进行适当的辅助治疗。例如：

（1）大黄苏打片 5 片，溶于 2 千克糖浆中进行饲喂，每群蜂 100 克，每天 1 次，连续喂 7 天为一个疗程。

（2）每群蜂用 1 个蒜瓣捣烂，加入适量水，喷洒蜂体以及巢脾、箱内壁、巢门等处，此法防治效果较好且不伤蜜蜂和幼虫。

注意事项：在使用任何一种药物或者配方时，都要先用 1～2 群蜂试用，观察蜂群的副作用和治疗效果，绝不可以在没有试用的前提下在全场蜂群使用。

235. 蜜蜂孢子虫病用什么药治疗？

蜜蜂孢子虫病是由原生动物门、微孢子虫纲的蜜蜂微孢子虫所引起，发病率高，且经常与其他病害同时发生造成并发症。蜜蜂孢子虫病的防治应以预防为主，蜂箱、巢脾及养蜂用具等要严格消毒，尤其是已经被微孢子虫污染了的蜂具在消毒后才能使用。

抗原虫药物（硝基咪唑类）在蜂群中禁止使用。根据微孢子虫在酸性环境中会受到抑制的特性，采用含酸饲料喂蜂控制该病效果较好。方法是：在1千克糖浆中加入1克柠檬酸喂蜂，每群每次喂500克，隔5天喂1次，连续喂5次；也可以选择米醋或山楂水，在1千克糖浆中加入米醋50毫升或山楂水50毫升喂蜂，每群每次喂500克，隔3～4天喂1次，连续喂5～6次。

236. 为什么诊断蜜蜂孢子虫病要查看中肠?

蜜蜂孢子虫病，是由蜜蜂微孢子虫危害成年蜂消化道、破坏蜜蜂中肠上皮细胞的一种慢性传染病。微孢子虫被蜜蜂摄入体内后，寄生在蜜蜂中肠上皮细胞内，以蜜蜂体液为营养发育和繁殖。也就是说，微孢子虫在蜜蜂体内破坏的主要是蜜蜂中肠。

患病初期病蜂活动正常，没有明显的外观症状，甚至当被感染蜜蜂的中肠出现明显损伤时，也没有明显的外观症状。到了后期，该病所表现的外观症状常与蜜蜂麻痹病、下痢病、螺原体病相混淆。因此，只有解剖可疑病蜂，拉出中肠，观察中肠的颜色、弹性和环纹，才能清楚蜜蜂是否已经感染了微孢子虫。

健康蜜蜂中肠呈淡褐色，环纹清晰，弹性良好。被微孢子虫感染的蜜蜂，中肠由淡褐色变为灰白色，环纹模糊、消失，失去弹性，很容易破裂。根据中肠的变化情况，可以初步诊断，进一步结合显微镜检查病原就可以确诊。

237. 蜂群下痢的病因是什么?

蜂群下痢的病因主要有2种：

(1) 由不良饲料及不良环境引起的下痢。主要发生在冬季和早春，饲料的质量不好或越冬期发酵变质。晚秋喂越冬饲料时，兑水过多，饲喂时间推迟，蜜蜂还没有将饲料酿造成熟，蜂群就进入越冬期，蜜蜂采食这种饲料或含有甘露蜜的越冬饲料后不易消化，若同时巢内湿度过大、温度过高或过低、越冬环境不安静、外界气温不稳定、蜜蜂无法飞出巢外排泄等，则很容易造成蜂群下痢。

（2）由蜂房哈夫尼菌感染引起蜜蜂副伤寒病而出现的下痢。主要发生在冬末和早春，外界气温低、阴雨、潮湿以及早春出现寒潮时，严重影响蜂群越冬和春繁。在夏季，如果气温突降也会造成该病的发生，引起蜂群下痢。

238. 如何预防不良饲料及不良环境引发的蜂群下痢？

在给蜂群喂越冬饲料时，一定要注意糖浆的浓度，掌握好时间，早喂、喂足，让蜜蜂有充足的时间将饲料酿造成熟。越冬前如果发现有甘露蜜、结晶蜜或发酵变质的越冬饲料，要及早撤出，更换优质的蜜脾。越冬期间要保持蜂群安静，既要注意蜂群保温，又要保持空气流通，保持干燥，防止潮湿。根据蜂群下痢严重程度尽快采取补救措施，如及时将蜂群转运到南方排泄繁殖，换蜜脾或蜂箱以降低损失，提前选择晴暖天气或利用温暖背风的小气候场地、温室大棚排泄。

239. 如何防治蜜蜂副伤寒病？

越冬期间要保证蜂群有优质、充足的越冬饲料，晴暖的天气促使蜜蜂提早排泄飞行。该病病菌通常在蜜蜂采水时被带入蜂群，因此早春最好在蜂场设置饮水器，且蜂群应摆放在地势高、干燥、背风向阳、有清洁水源的地方。该病病菌对土霉素最为敏感，治疗用土霉素配制含药花粉饼或糖浆喂蜂。将土霉素 0.125 克研碎后拌入适量花粉，先按照 10 框蜂取食 2～3 天的量准备，用蜂蜜或糖浆混拌揉搓至面团状，不黏手，压成饼后用食品级塑料薄膜包裹，置于巢框上梁供工蜂取食。也可将土霉素加入 500 克糖浆中混匀喂蜂，隔天喂 1 次，连续喂 3～5 次，依病情停止或继续喂蜂。

240. 蜜蜂“爬蜂”是什么病？

养蜂师傅常将蜜蜂发病后有典型“爬蜂”症状的病害统称为“爬蜂”病。实际上这种称谓是不恰当的，“爬蜂”不是一种病害，蜜蜂“爬蜂”只是一种成年蜂患病后的共同表现。“爬蜂”是成年蜂病害特有的现象，无论是什么原因引起的病害，患病蜜蜂都会因病原微生物侵染而导致机体虚弱或损伤，失去飞翔能力，出现大量病蜂在蜂箱底部或蜂箱外爬行。

241. 雨淋的蜜蜂能引起“爬蜂”吗？

能，遭雨浇淋的蜜蜂“爬蜂”会很严重。

蜜蜂能感知下雨，会及时归巢。下急雨时会有部分蜜蜂来不及归巢，可能直接被雨拍落在地上爬行、死亡，其余死里逃生的蜜蜂可以归巢。遭到雨淋会浸湿高温飞翔的蜜蜂躯体，使其产生非正常反应，损伤蜜蜂组织器官，失去飞翔能力，只能爬行。遭雨浇淋后的蜂群，短时间内不会出现数量大的“爬蜂”，往往在第2天“爬蜂”数量增多，之后会逐渐减少。

242. 在没有螨的情况下，出现“爬蜂”是否与夏季蜂箱外气温高、蜂箱不透风有关？

有一定关系。外界气温高时，不给蜂群遮阴、通风散热，会导致巢内温度偏高、子脾伤热。工蜂从卵到羽化出房正常需要21天，由于巢内温度高，个别幼蜂会提前1～2天出房，这些早产蜂因发育时间不足，发育不完全，导致体质弱、飞翔能力不强。这类蜂出巢试飞时，往往因不能飞翔而出现“爬蜂”。但是这不是蜂群出现“爬蜂”的全部原因，蜂群出现“爬蜂”肯定还有其他方面原因。

243. 蜂群春季治螨用什么药效果好？

春季开始繁殖时，蜂群内没有子脾，蜂螨都暴露在蜂体上，采用杀螨水剂治螨效果很好，且经济实惠。尤其第一次治螨，一定要在蜂群刚开始繁殖时实施，如果蜂群内已经有封盖子脾，治螨前一定把蜂群内的封盖子脾抽出。

常用的水剂杀螨药市场有很多种，使用前一定要认真阅读说明书。治螨时，选择工蜂能出巢飞行的晴暖天气。喷药时，调整好喷雾器，使其喷出的药物呈雾状，保证每只工蜂都能喷到药物。蜂螨多的蜂群治 2～3 次，每次隔 1～2 天，全场用药前应先用 1～2 群进行用药试验，以确定落螨多且不伤蜂的药物配比。

244. 蜂螨高发期为什么在秋季？

蜂螨的发生与蜂群的群势、外界气温、蜜粉源和蜂王产卵时间密切相关。蜂螨的生活力较强，会随着蜂群的繁殖而增殖，同蜂群的繁殖期一样长，但发育周期却比蜜蜂短很多，这是蜂螨能够快速扩繁的主要原因。

春季蜂王开始产卵、蜂群内有封盖子脾时，蜂螨开始繁殖。随着外界蜜粉源的充足，蜂王产卵力旺盛，到了夏季蜂群进入繁殖盛期，群势强壮，封盖子脾数量增多，此时蜂螨寄生率相对稳定。秋季外界气温逐渐下降，蜜粉源缺乏，蜂群群势下降，蜂螨经过累代叠加繁殖，数量倍增，并集中在少量的封盖子脾和蜂体上，寄生率急剧上升，危害程度严重。这就是秋季蜂螨高发的原因，应引起养蜂者的重视。

245. 秋季蜂群什么时候治螨效果较好？

蜂群到了秋季，群势有所下降，此时蜂螨经过前期的累代繁殖、积累，寄生率达到高峰，适时治螨对防控蜂螨的危害至关重要。采集椴树蜜时，养蜂者为了提高产蜜量，都会不同程度地限制蜂王产卵。到了7月下旬，椴树蜜生产结束，蜂群内的子脾相对减少，特别是封盖子脾较少，大部分蜂螨都暴露在蜂体上。此时，把封盖子脾集中到几个蜂箱内，进行分区施药治螨，能够达到非常好的防治效果。这就是囚王断子治螨的原理，能够切断蜂螨寄生的宿主，是防治蜂螨最有效的手段。如果不能很好地选择最佳时机防治蜂螨，势必会给蜂群造成毁灭性的危害。

246. 防治蜂螨用药应该注意哪些问题？

治螨药物成分不同、生产厂家不同、施药时间不同，治螨效果也会出现差异，甚至对蜂群产生毒害。在治螨施药前2～3小时，要进行用药安全试验，选择2～3群弱小的蜂群，按照说明书要求施药，观察蜜蜂是否会中毒，确定安全后才可以对蜂群大面积施药。使用水剂杀螨药，要现用现配，保证药效的稳定性和对蜜蜂的安全性。一年当中要使用2～3种不同的螨药，以降低蜂螨的抗药性，提高杀螨效果。防治蜂螨要选择晴暖天气的上午进行，在提高药效的基础上，保证蜜蜂被喷洒螨药后有机会外出飞翔，降低因喷洒螨药过量而引起蜜蜂中毒的可能。

247. 如何才能提高防治蜂螨的效果？

在养蜂管理中，首先要时刻提高蜂螨防范意识，定期检查蜂螨的寄生率，及时发现、及时治疗，把蜂螨寄生率控制在5%以下。治疗蜂螨效果如何，关键在于用药方法。选择杀螨药时，一定要选择正规厂家生产的高效螨药，利用触杀、熏蒸药物进行联合用药，减少蜂螨抗药性，提高治螨效果。施药按疗程进行，每个疗程3～5次，每隔2～4天施药1次。这样操作是因为第一次施药时刚潜入封盖子脾繁殖的蜂螨，在最后一次施药之前就已随幼蜂出房暴露在外，很容易被螨药杀死。螨害严重的蜂群，要考虑增加用药疗程。

施药治螨要选择晴暖天气的上午，在蜜蜂还没有大量飞出蜂巢时进行。每次施水剂螨药时，要尽量让每个蜂体都被均匀地喷洒到螨药。巢脾上趴蜂过厚，要边轻轻抖蜂，边喷洒螨药，巢脾底梁和侧梁处的蜂也要兼顾，这样才能提高防治蜂螨的效果。

248. 如何断子治螨？

断子治螨是把蜂王幽闭21～22天，让蜂群内没有子脾。囚王21天后群内没有子脾，用水剂杀螨药给蜂群治螨2～3次，治螨效果非常好。

断子治螨不能在繁殖采蜜适龄蜂和繁殖越冬蜂时实施，会影响采蜜群势和越冬蜂群势。断子治螨可以结合采椴树蜜控制蜂王产卵时实施，或在繁殖越冬蜂前（7月20日至8月15日）实施。低于4框蜂的小群，不能采取断子治螨的方法。

具体方法是：用四季王笼囚王，王笼用细铁丝挂在巢箱的巢脾中部。7天左右检查一次蜂群，清理王台。囚王21天左右，群内子脾即将出完，用杀螨水剂治螨2～3次。放王时把巢内多余的巢脾撤出，达到蜂脾相称，喂足饲料以保证正常繁殖。放王产卵10天后检查蜂群，观察蜂王产卵情况。

249. 怎样检查蜂群是否有蜂螨？

蜂螨多的蜂场，地面会看到幼蜂爬行，幼蜂残翅、残足，尤其在草丛小沟里死蜂很多，寄生螨严重的场地到处是爬蜂和死蜂。

每次检查蜂群时，仔细观察蜂体上是否有蜂螨。定期从蜂群中捉20～30只工蜂，放在冰箱里1～3分钟，工蜂不动后拿出，仔细检查蜂体上是否有蜂螨。从蜂群中找1张成熟封盖子脾，用刀割开30～50个巢房蜡盖，倒出巢房内的蜂蛹，检查蛹体、巢房内是否有蜂螨寄生。检查后，根据实际情况采取相应措施防治蜂螨。

250. 小蜂螨可以用什么药物防治?

暴露在蜂体上的小蜂螨，用杀螨水剂和螨扑片都能将其杀死。生活在封盖子脾里的小蜂螨，需要用升华硫粉刷脾才能起到防治效果。使用杀螨水剂防治小蜂螨，最好是在蜂群没有封盖子脾时进行。用甲酸也能防治小蜂螨，但甲酸腐蚀性强，应掌握好配比和使用方法。

用升华硫粉刷封盖子脾的操作过程是：按每个继箱群用药 5 克的标准，根据蜂群数量取适量的升华硫粉放在一个广口容器内，每 50 克升华硫粉加 1 支杀螨水剂，来增加药粉的依附性，充分搅拌。把蜂群内所有封盖子脾逐一提出，抖掉工蜂。巢房眼向下斜立，用稍宽一些的软毛刷蘸少量药粉，从下向上轻轻地把药粉均匀地涂在封盖子脾表面。

注意事项：封盖子脾表面蘸的药粉不能多，薄薄一层稍变颜色即可。卵虫脾不刷药粉，也不能刮破子脾房蜡盖，更不能让药粉掉入巢房内。应严格控制升华硫粉的用量，根据群势强弱、气温高低、天气状况灵活掌握。施治时间选择温度较高的晴天，施治前后蜂群内饲料要充足，用药后注意观察效果，仔细察看子脾及场地内的爬蜂是否有变化。

251. 5 月 3 日、5 日、7 日连续用甲酸治螨 3 次，15 日后出现严重的插花子脾，继箱有 2 张饲料蜜脾，外界有零星粉源，这是甲酸残留中毒还是感染了幼虫病?

蜂群正处于群势迅速增长期，群内封盖子脾多，使用杀螨水剂只能杀死工蜂身体上的寄生螨，潜伏在封盖子脾内的螨不能被完全杀死，达不到彻底治螨的目的。

甲酸是熏蒸类药物，必须在温度 20℃以上、晴朗的天气使用，让药物尽快挥发，减少残留。使用时应控制用量，切勿过量，避免中毒。

连续用甲酸治螨 3 次，每次仅间隔 1 天，属于频繁用药，导致药物残留较多，一部分卵虫被熏死而出现插花子脾。这种情况一般停止用药 10 天后会恢复正常。

还有一种可能，蜂群子脾多、饲料少，蜂脾关系太松，工蜂哺育力低于幼虫的需求，部分幼虫得不到充足的饲喂而死亡，也会出现插花子脾。解决办法是向蜂群内补喂糖浆，使群内饲料充足，工蜂数量少时，适当把蜂群内多余的巢脾撤出，让蜂脾关系变紧，10 天左右子脾就会恢复正常。

如果蜂群感染幼虫病，能在巢房内发现死亡后变黑或变黄的虫体，有时还能闻到腥臭味。有的子脾封盖后死亡，巢房盖出现穿孔，工蜂清理后蜂王再重新产卵。中毒死亡的蜂儿都是卵虫，容易被清理。

252. 近年幼蜂体质变差，蜂螨暴发的速度加快，有什么好的应对方法?

危害蜂群的不仅有大蜂螨，还有小蜂螨，小蜂螨比大蜂螨给蜂群造成的危害更严重。小蜂螨绝大多数生活在封盖子脾内，普通的杀螨水剂喷蜂治螨很难将其杀死。小蜂螨目前未发现能在北方越冬，传入途径主要是蜂群跨地区买卖以及转场繁殖、采蜜。

防治大蜂螨除使用不同的杀螨剂外，重点是抓住施治时机。春秋季蜂群内没有封盖子脾，大蜂螨全部暴露在蜂体上，此时施药才能有效地降低大蜂螨的寄生率。有封盖子脾的蜂群，可以在一个蛹期的 12 天内连续施药治螨 3～4 次。

防治小蜂螨效果最好的方法是断子。断子治螨的不足之处是减缓蜂群群势的发展，对于蜂群生产能力有一定的影响。断子治螨的方法有多种，最常用的方法是囚王断子。

囚王断子：把蜂王用囚王笼幽闭，限制其产卵，让蜂王停产21天以上。囚王断子要选择适宜时间，不能影响蜂群繁殖。例如，在东北长白山区，可以在采集椴树蜜的6月21日至7月12日期间断子，也可以选择在7月20日至8月15日期间断子。繁殖越冬蜂时不能断子；蜂群弱的蜂场不能断子。断子结束放出蜂王后，一定要给蜂群喷杀螨水剂2～3次。

防治小蜂螨还可以采用集中子脾分群治螨的方法。具体操作是：把蜂群内的封盖子脾全部带蜂提出，组成新分群。给新分群介绍产卵蜂王，或诱入成熟王台。群大的可以单独提封盖子脾带蜂组成新分群，群小的可以几群联合提封盖子脾带蜂组成新分群。带蜂数量的多少以工蜂能护住子脾为准，抖蜂时多留一些幼蜂在封盖子脾上，还要多提一些蜂到新分群，因为老蜂会飞回原群。提走封盖子脾的原蜂群，剩下的是卵及未封盖的幼虫脾，可以用杀螨水剂治1～2次。封盖子脾组成的新分群，用杀螨水剂治3～4次，直至封盖子脾出完为止。

利用药物防治小蜂螨的方法是用升华硫粉刷封盖子脾。500克升华硫粉加5～10支杀螨水剂，充分搅拌，把蜂群内封盖子脾逐一提出，巢房眼向下斜立，用软毛刷蘸少许药粉轻轻地、均匀地涂在封盖子脾蜡盖上。卵虫脾不刷药粉，也不能触碰蜡盖，防止毒死蜂儿，每个继箱群用药约5克。要保证蜂儿的体质，应使繁殖期群内饲料充足，蜂脾关系稍紧，选择辅助蜜粉源好的场地。

253. 幼蜂出房时没长翅膀是什么原因？

幼蜂出房时没长翅膀应该是以下3个方面的原因：

（1）蜂螨危害。寄生在封盖巢房内的大、小蜂螨，吸食蜜蜂幼虫、蛹的体液，致其不能正常发育，出现无翅、残翅幼蜂。

（2）发育温度失常。蜜蜂正常发育温度为32～35℃，如果在蛹期发育阶段，温度过高或过低，会导致发育不完全，幼蜂提前或延缓出房，常见无翅、残翅幼蜂。

(3) 近交衰退。蜂场多年未引种，或饲养的蜂群数量少，蜂王交尾出现近亲交配，产生近交衰退现象，严重时也会出现没长翅膀的幼蜂。

254. 为什么要重视蜂场卫生和消毒?

蜂场既是蜜蜂活动的场所，又是蜂产品生产的第一车间，还是养蜂者生活的地方。蜂场卫生的好坏，直接影响蜜蜂的健康、蜂群的繁殖，关系到蜂产品的质量与安全。蜂场卫生包括环境卫生、蜂群卫生、机具卫生及养蜂者个人卫生。

消毒是清除或杀灭停留在外环境媒介物上的病原，切断病原传播途径，是阻断传染病和防止病原散播的一个有效措施。

蜂场的卫生和消毒是蜜蜂病害综合防治工作中的关键环节，应给予足够的重视。只有日常认真做好蜂场的卫生和消毒工作，才能够有效地防止蜜蜂病害的发生，饲养强壮蜂群，生产高质量的蜂产品。

255. 蜂场常用化学消毒药物有哪些?

国家标准《蜜蜂病虫害综合防治规范》(GB/T 19168—2003)附录A(资料性附录)，列举了8种化学消毒药物及其使用方法。

(1) 84消毒液。一种以次氯酸钠为主的高效消毒剂，用于细菌、芽孢、病毒和真菌的消毒。0.4%水溶液作用10分钟用于细菌污染物的消毒，5%水溶液作用90分钟用于病毒污染物的消毒。蜂箱、机具洗涤，巢脾浸泡，金属物品洗涤时间不宜过长。

(2) 漂白粉。主要成分是次氯酸钙和氯化钙，用于细菌、芽孢、病毒和真菌的消毒，5%～10%的漂白粉水溶液作用30分钟至2小时。蜂箱洗涤，巢脾、蜂具浸泡1～2小时，金属物品洗涤时间不宜过长。用于水源消毒，每立方米河水、井水加漂白粉6～10克，30分钟后可以饮用。

(3) 食用碱。对于细菌、病毒和真菌的消毒，可用3%～5%的食用碱水溶液作用30分钟至2小时。蜂箱洗涤，巢脾浸泡2小时，蜂具、衣物浸泡30分钟至1小时，越冬室、仓库墙壁、地面喷洒。

(4) 石灰乳。俗称熟石灰或消石灰，其水溶液称为石灰水，用于细菌、芽孢、病毒和真菌的消毒。1份生石灰加水1份制成消石灰，再加水配成10%～20%悬液，现用现配。粉刷越冬室、工作室、仓库墙壁及地面，消石灰粉撒布蜂场地面。

(5) 饱和食盐水。在一定的水溶液中加入食盐溶解，当加入的食盐足够多无法再继续溶解，此时水溶液为饱和食盐水。用于细菌、真菌、孢子虫、马氏管变形虫和巢虫的消毒，蜂箱、巢脾、机具以36%食盐水溶液浸泡4小时以上。春繁时，在巢门口内侧或箱底撒一把食盐粉（100～150克），有利于白垩病的控制。

(6) 冰醋酸。80%～98%冰醋酸熏蒸1～5天，对蜂螨、孢子虫、马氏管变形虫、蜡螟的卵和幼虫有较强的杀灭作用。按照每只蜂箱用冰醋酸10～20毫升，将冰醋酸洒在布条上，每个装有欲消毒巢脾的继箱挂一布条，将箱体摞好、糊缝，盖好箱盖密闭熏蒸24小时。温度低于18℃时，需延长熏蒸时间3～5天。

(7) 福尔马林。35%～40%福尔马林水溶液对细菌、芽孢、病毒、孢子虫、马氏管变形虫有杀灭作用。可以采用2%～4%福尔马林水溶液（1份福尔马林加水9～18份）喷洒越冬室、工作室、仓库墙壁、地面，也可以用每立方米1～3克福尔马林加热熏蒸。4%福尔马林水溶液浸泡蜂箱、巢脾、机具，密闭消毒12小时。

如果用原液熏蒸，每只继箱用量为福尔马林10毫升、热水5毫升、高锰酸钾10克。选择高而深的容器，先将福尔马林倒入容器，再加热水，放入箱体中，蜂箱间用纸糊好，最后再加入高锰酸钾，立即盖好箱盖密闭12小时。室内消毒每立方米使用福尔马林30毫升、热水30毫升、高锰酸钾18克。

(8) 硫黄。燃烧时产生气体二氧化硫，对蜂螨、螟蛾、巢虫和真菌都有杀灭作用。对卵、封盖幼虫和蛹无效，熏杀巢虫每隔7天要重复1次，连续重复2～3次。每个继箱放8张巢脾，5个箱体摞成一组，最下面放空继箱，空继箱内放1个耐热的瓷容器（如瓦片）。熏蒸时，将燃烧的木炭放入容器内，然后将硫黄撒在炭火上，密闭熏蒸12小时以上。箱体、箱与箱之间的缝隙用纸糊好，硫黄用量按每个继箱体充分燃烧2～5克计算。

256. 采用化学消毒药物消毒时应该注意哪些问题?

蜂场采用化学消毒药物消毒时，应该注意以下问题：

（1）选择化学药物消毒时，要根据消毒药的类型与本蜂场的常见病、多发病来选择。

（2）无论使用何种化学消毒药物，以浸泡和洗涤形式处理的，消毒后必须用清水将药物洗涤干净，然后再晾干，巢脾用摇蜜机摇出巢中的水，避免药物残留致蜜蜂中毒。

（3）熏蒸消毒的巢脾（包括机具），消毒前一定要将巢脾清理干净，消毒后要将巢脾放在空气中通风3天以上，并清除巢脾上的残留物，防止蜜蜂中毒。

（4）巢脾上如有花粉等存在，消毒的浸泡时间可视药物作用时间适当延长，以达到消毒的目的。巢脾上带饲料的不可再用于饲喂蜜蜂。

（5）对人体有很强刺激性、腐蚀性或灼伤性的药物，以及易燃药物，做好安全防护，注意操作及防火安全。

257. 养蜂为什么要提倡防重于治?

预防是在病害没有发生之前，采取有效措施防止病害的发生，这项工作是主动进行的。而治疗是病害发生之后所采取的补救措施，用以消灭病害或减轻病情，这项工作是被动实施的。预防远比治疗更重要，“防重于治”是蜂病防控的原则，是由蜜蜂的特殊性所决定的。蜜蜂不同于其他畜禽动物，其每个发育阶段都很短，不论哪个发育阶段的个体患病，治疗都无法挽救或弥补损失，只能是不再让新的个体染病。尤其是一些传染性病害，一旦发生往往是突发、凶猛、迅速，治疗效果跟不上病害的发展速度。况且一些病害诊断困难，没有十分有效的治疗方法，也没有合适的治疗药物，难以根治且反复发作。

258. 如何寄送患病蜜蜂的样本？

邮寄患病蜜蜂样本时，最好附一份养蜂者观察病状特征的描述，或提供手机录制的影像资料，以帮助实验室人员快速做出诊断。

（1）活体成年蜂标本。对于患有成年蜂病的蜂群，抓取蜂箱内带有典型症状的病蜂20～30只，放入装有炼糖的邮寄王笼里寄送。

（2）死亡成年蜂标本。在巢门前选择死亡时间较短的病蜂，装入邮寄瓶中，邮寄箱再放入冰袋。

（3）患病幼虫或蛹标本。割取一小块带有病虫或蛹的巢脾，装入小木盒内寄送，邮寄箱内要放入冰袋。寄送患病幼虫或蛹的标本，一定要保持病虫的原始状态，不能挤压。

十二、蜜源植物

259. 什么是蜜粉源植物?

蜜源植物、粉源植物或蜜粉源植物的区别在于侧重点不同。

(1) 蜜源植物是指具有蜜腺而且能分泌花蜜，并被蜜蜂采集酿造成蜂蜜的植物，如椴树、刺槐、荆条等植物，强调花蜜为主或兼有少量花粉。

(2) 粉源植物是指能产生较多的花粉，并被蜜蜂采集利用的植物，如玉米、蚕豆、水稻等植物，强调花粉为主或兼有少量花蜜。

(3) 蜜粉源植物是指既有花蜜又有花粉供蜜蜂采集的植物，如向日葵、荞麦、柳树等植物，强调蜜粉兼有。

生产中习惯把蜜源植物、粉源植物或蜜粉源植物统称为蜜源植物，是蜜蜂食物的主要来源之一，也是发展养蜂生产的物质基础。

260. 什么是主要蜜源和辅助蜜源?

这是在养蜂生产中常用的专业术语，一般将蜜源植物分为主要蜜源植物和辅助蜜源植物，习惯上简称为主要蜜（粉）源和辅助蜜（粉）源。

无论是栽培或野生的蜜源植物，在养蜂生产中能够采集大量商品蜂蜜的植物，称之为主要蜜源植物。通常是指数量多、面积大、花期长、花蜜分泌量大的植物，如椴树、刺槐、荆条、向日葵、荞麦、油菜、柑橘、荔枝、龙眼、棉花等。

具有一定数量，能够分泌花蜜、产生花粉，被蜜蜂采集利用，供蜜蜂自身生命活动和繁衍后代之用的植物，称之为辅助蜜源植物。通常从中很难获得商品蜂蜜，但是能在主要蜜源流蜜期到来前为繁殖大量青壮年采集蜂提供物质条件。养蜂者在选择放蜂场地时，既要选择有主要蜜源植物的地方，还要考虑辅助蜜源植物多的地方。

长白山区有400多种辅助蜜源植物，如柳树、山桃、山里红、驴蹄草、蒲公英、柳兰、野菊花、软枣子等野生植物，以及苏子、瓜类、豆类、玉米等栽培作物。从早春到晚秋，这些植物为蜜蜂繁殖提供了丰富的花粉和花蜜，基本能够满足蜂群的需求。

261. 长白山区第一个有蜜有粉的植物是什么？

长白山区第一个开花的植物是侧金盏花，又叫冰郎花。其在3月下旬至4月上旬开花，有蜜、有粉。但是这个阶段外界气温比较低，不适合蜜蜂飞翔，有时蜂群还没有结束越冬，蜂群能采集到冰郎花蜜粉的机会很少。

真正第一个蜜蜂能采集到花蜜、花粉的开花植物是柳树，又叫柳毛子。4月上旬至5月上旬开花，花蜜和花粉比较多。柳树花期蜂群有幼蜂出房，小群采集回来的蜜粉足够自用，大群则会有剩余。天气晴好时，大群适当加1张边脾贮存蜜粉，防止蜜粉压缩子圈，边脾装满后用空脾替换，阴雨天再放回。养蜂者一定要利用好柳树花期，繁殖好的蜂群可以加产卵脾扩大蜂巢，蜂脾关系由蜂多于脾向蜂脾相称或脾略多于蜂过渡，用大群老子脾或新出房的幼蜂补强小群。5月1日前后开始人工育王，准备分群、组织双王群和替换产卵不好的蜂王。

262. 影响蜜源植物泌蜜的外界因素有哪些？

蜜源植物分泌花蜜常受各种环境因素影响，主要是气候、水分和土壤。

首先影响花蜜分泌的因素是气候，光照、气温、空气湿度、风向和风速都能影响植物的花蜜分泌。充足的光照条件，能使蜜源植物充分进行光合作用，完成体内糖分积累、储存和转化，从而形成更多的花蜜。适于植物花蜜分泌的气温一般为16～25℃，气温低于10℃时，花蜜分泌量极少或停止；多数蜜源植物泌蜜喜欢闷热而潮湿的天气条件，昼夜温差较大有利于花蜜分泌。适合于花蜜分泌的空气相对湿度一般为60%～80%；如荞麦等蜜腺暴露的植物，需要较高的湿度；如紫云英等蜜腺隐蔽的植物，湿度较低时也能正常泌蜜。风会改变环境的气温、空气湿度等，微风利于蜜源植物的开花泌蜜，强风会导致花枝摇摆撞击而损害花朵，冷风或热风会导致蜜腺停止泌蜜。

其次影响花蜜分泌的是水分。水是植物体的重要组成部分，是植物生长发育和开花泌蜜的重要条件。春秋季节雨水充沛，北方冬季大雪覆盖，利于蜜源植物生长、花芽分化、养分储存，花期泌蜜量大。

再次影响花蜜分泌的是土壤性质。土质肥沃、疏松，土壤水分和温度适宜的条件下，蜜源植物生长茂盛，泌蜜多。此外，土壤中的矿物质钾、磷、硼等的含量及酸碱度比例，对蜜源植物开花泌蜜及花芽分化都有较大影响。

蜜源植物病虫害和现代农业技术也影响花蜜分泌。

263. 哪些因素影响椴树开花泌蜜？

椴树是东北长白山林区、兴安岭林区主要蜜源植物，是一种高产而不稳产的蜜源植物，包括紫椴和糠椴两种。树龄、年养分消耗、海拔、坡向、去冬今春的降水以及花期的气温、光照、风向、风力、病虫害等诸多因素都影响椴树开花泌蜜。

（1）树龄。如紫椴在天然林内10～15年开花，40年开花渐多，60年开花最盛，100年后开花渐少。

（2）大小年。椴树开花泌蜜有明显的“大小年”现象，常是大年丰收，小年歉收，丰歉交替，也有大年不丰，小年不歉的情况，还有大小年不明显的“稳产区”。

(3) 虫害。椴树每年都有不同程度的虫害，尤为小年虫害较重。虫灾年受灾区歉收，未受灾区丰收。

(4) 降雨。椴树开花前常受干旱影响，干旱年低山区丰收，高山区歉收。椴树花期恰逢雨季，宝贵的花期常被阴雨连绵天气占去，造成减产或歉收。冬季雪大，春季雨水充足，有利于椴树生长和营养物质积累，常被人们视为开花泌蜜多的有利条件之一。

(5) 气温。椴树10℃泌蜜，16℃以下泌蜜量少，20～22℃泌蜜量多，25～28℃泌蜜最好。高温年，回春早，气温稳定，多为丰收年。不正常的晚霜，会使萌动的花芽或形成的花蕾遭受冻害，导致开花无蜜、减产。

(6) 光照。椴树为阳性树种，生长、开花和泌蜜需要充足的光照，因此常年阳坡的椴树比阴坡的椴树泌蜜多。

(7) 风。干燥凉爽的北风和西北风不泌蜜，东风常带来阴雨天气而影响泌蜜。

264. 什么是椴树大小年？

椴树大小年是指年单群椴树蜜产量的多少。通常年群产椴树蜜70千克以上称为特大丰收年，50千克左右称为大年，30千克左右称为平年，10千克以下称为小年。而椴树不流蜜没有产量，称为绝收年。

椴树大年丰收，小年歉收，大小年交替出现，连续2个大年或连续2个小年的现象很少。椴树大小年现象是针对总体状况而言的，就某个局部地区来说，在大年也有歉收的地方，小年也有丰收的地方。有的地方大小年非常明显；有的地方年年都能采到椴树蜜，但是产量不是特别高；有的地方连续2年是大年，但是会有1年绝收。正常情况下，椴树蜜没有连续2年绝收的现象。

椴树大小年，与上一年椴树营养消耗和营养积累有关，与冬季降雪厚度、春季气温、虫害等环境因素有关。上一年大丰收，椴树营养消耗过度，下一年可能是平年或小年。冬季降雪多，春季风调雨顺，没有冻害、虫灾，辅助蜜粉源好、蜂群繁殖快，大年可能性大。5月气温低有霜冻，6月有虫害，会导致椴树小年。偶尔也有椴树开始流蜜，连续下大雨使大年变成小年或绝收年。

265. 胶源植物也是蜜源植物吗？

不全是。分泌树脂并能被蜜蜂采集加工成蜂胶的植物，称之为胶源植物。树脂来自芽苞、花苞、枝条以及树干的破伤部分。常见的胶源植物主要是杨柳科、松科、桦木科、柏科和漆树科等植物中的多数种，以及桃、李、杏、向日葵、橡胶树等植物。

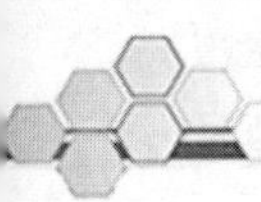

十三、蜜蜂授粉

266. 为什么说蜜蜂是最具优势的授粉昆虫？

蜜蜂是授粉昆虫的主力军，是自然界中最理想、最具优势的授粉昆虫，这是因为蜜蜂本身具有以下几个特点：

（1）形态构造的特殊性。蜜蜂在与植物长期协同进化的过程中，形成了利于黏附花粉的绒毛和花粉筐等特殊器官。蜜蜂周身密生绒毛，尤其是头、胸部的绒毛，有的呈分叉或羽状，容易黏附大量的、微小的、膨散的花粉粒。蜜蜂的 3 对足具有收集花粉和携带花粉回巢的特殊构造，如后足上的花粉刷、花粉栉、花粉耙和花粉筐等。1 只蜜蜂可携带 500 万粒花粉，即使蜜蜂回巢将携带的花粉团卸下后，留在身上的花粉还有 1 万～2.5 万粒，比其他任何昆虫所携带的花粉粒都多，这对采集花粉并为植物授粉促进结实具有特殊的意义。

（2）蜜蜂食物的贮存性。植物的花粉和花蜜是蜜蜂赖以生存的食物，蜜蜂在采集植物花粉、花蜜的过程中，为植物完成授粉繁衍后代，二者相互适应。蜜蜂为了生存，有贮存花粉和花蜜的习性。在植物开花季节蜜蜂不辞辛苦、反复往返花丛之间，保证了 1 只蜜蜂可以无数次出巢为作物授粉。

（3）蜜蜂生活的群居性。蜜蜂属于社会性昆虫，群体数量众多，在繁殖高峰时 1 群蜜蜂可以达到 5 万～6 万只。1 只蜜蜂一次出巢采集 50～100 朵花，每天出巢 6～8 次，经测定 1 群蜜蜂可以采集 5 万～5.4 万蜂次，授粉次数多于其他任何单一群体的授粉昆虫。

（4）人工饲养的运移性。西方蜜蜂和东方蜜蜂可以人工大量饲养，并且可以随时转运到任何需要授粉的场地，这一点其他授粉昆虫无法相比。这一特点，既满足了授粉蜂群的数量需求，也保证了1群蜜蜂可以给不同地点、不同时间开花的一种或多种植物授粉。

（5）采粉行为的专一性。蜜蜂每次出巢不会在2种植物上采集，都会到同一地点采集同一种植物的花粉和花蜜，只有在全部花朵的花粉和花蜜采集完，才会转移到另一种植物上采集，这一点保证了同一种植物的授粉效果。

（6）授粉行为的训练性。当1只蜜蜂在外界采集到某种作物的花粉和花蜜，回巢后用跳舞的方式告诉同伴该作物的方位和大概距离，短时间内整群蜜蜂都到这个地方访花采粉、采蜜。利用这一特点，可以通过定点投放引诱剂或饲喂某种花香的糖浆，诱导训练蜜蜂为目标作物授粉。

267. 农作物利用蜂授粉有什么好处？

利用蜜蜂或熊蜂为农作物授粉有以下几点好处：

（1）把握最佳授粉时机。蜜蜂或熊蜂与植物长期的协同进化，对成熟花粉的识别远远高于人类，其次蜂不间断地在田间穿梭飞行，常从花的柱头上擦过，极易在花柱头生活力最强的时候将花粉传到上面，达到最佳受精的目的。人工授粉每天进行一次，速度慢，往往授粉不及时，错过花柱头活力最好的时机，致受精不佳，从而影响果实的产量和质量。

（2）授粉充分。蜜蜂或熊蜂特殊的形态构造，使其更容易收集花粉，授粉时落到花柱头上的花粉粒数量远大于人工授粉，二者相差15倍，使得花粉的群体萌发效应表现出来，加速了植物受精。

（3）高效利用植物花朵。假如果园遭受冻害，人工无法识别哪些花未受冻，也就无法进行人工授粉。蜜蜂或熊蜂可以识别选择未受冻有蜜粉的花朵进行采集，使这些有效花朵充分受精，提高坐果率，帮助果农挽回经济损失。

(4) 显著提高作物产量。无论是油菜、向日葵等蜜粉源作物，还是草莓、番茄、苹果、梨等虫媒授粉作物，乃至大豆、水稻等自花授粉作物，利用蜜蜂或熊蜂授粉，与自然对照或人工授粉相比，都表现出良好的增产效果。

(5) 改善果实品质。一是果形周正、着色均匀、果肉饱满、畸形果率显著下降；二是提高果实可溶性固形物含量，降低酸度，提高糖度，从而改善果实口感风味。

268. 蜜蜂为棚室作物授粉时需要注意哪些问题？

棚室作物利用蜜蜂授粉可以节省人工，提高产量和改善果实品质，增收效果明显。由于棚室内放蜂改变了蜜蜂的生活空间和习惯，因此必须注意一些蜂群管理上的问题，否则达不到预期的授粉效果。

(1) 保持蜜粉充足。棚室作物大多泌蜜、吐粉不好，即使泌蜜、吐粉较好的作物，受棚室种植面积限制，花的数量少，蜜蜂采集到的花蜜、花粉根本满足不了蜂群需要，必须及时给蜂群补喂蜂蜜及花粉，保持蜜粉充足。蜂群内缺粉，幼虫就不能正常发育生长成为封盖的蛹，不能培育出大量的新蜂，蜜蜂也没有采集积极性，直接影响授粉效果。

(2) 喂水。蜂群搬进棚室后，一定要喂水。可以采用巢门饲喂器喂水，也可以在棚室内固定位置放一个浅盘喂水，盘内放一些漂浮物，供蜜蜂落足采水。

(3) 适当保温，保持蜂多于脾。棚室昼夜温差大，如果不给蜂群适当保温，蜂群为了维持巢温相对稳定，蜜蜂夜间会收缩往子脾中心聚集，常使外部子脾得不到蜜蜂的有效保护，易造成子脾受冻死亡，蜂群消耗较大。为利于蜂群的繁殖，授粉期间最好保持蜂多于脾或蜂脾相称的蜂脾关系。

(4) 及时调整棚室湿度。湿度较大会使巢脾、蜂具等发霉，引发蜂群下痢等病害。授粉蜂群要离开地面 20～30 厘米，蜂箱应放在作物垄间的支架上。

（5）防止蜜蜂中毒。棚室作物易受光照、湿度、空气流通等影响滋生病害，常使用杀菌剂和熏烟剂。用药前一定要将授粉蜂群搬离棚室，待药效散尽后再将蜂群搬回到原来的位置。杀菌剂、熏烟剂也不宜放在棚室中存放。

（6）隔离通风口。用尼龙纱封闭棚室通风口，防止蜜蜂飞出。

（7）设立警示标志牌。蜂箱位置固定后，非管理人员不要移动、敲打或打开蜂箱，避免因振动、干扰引起授粉蜂群的躁动蜇人。

269. 蜜蜂为大田作物授粉时需要注意哪些问题？

大田作物授粉一般都与养蜂生产结合在一起，养蜂员根据实际需要进行操作，但在蜂群管理上也应该注意一些问题，以确保获得满意的授粉效果。

（1）选择强群。对春季梨树、苹果树授粉，组织强群尤为重要。例如，春季延边苹果梨授粉时，蜂群经过越冬刚刚走出恢复期，群内子脾数量多，内勤哺育工作负担大，能够出巢采集的蜜蜂数量少，此时只有选择强群为苹果梨授粉，授粉蜂群群势达到 5 框蜂以上，才能保证足够的出勤率。群强外出采集花粉、花蜜的工蜂多，能保证春季作物的授粉效果。

（2）适当保温，保持蜂多于脾。根据笔者在延边苹果梨授粉的实践，5 月 1 日前后苹果梨开花，外界气温变化幅度较大，昼夜温差大，平均气温较低，蜜蜂采集受到影响。除选择强群外，根据实际情况，还要做好箱内保温，必要时也可以给予箱外保温，保持蜂多于脾的蜂脾关系，利于蜂群繁殖，提高出勤率，保证授粉效果。

（3）蜂群分组摆放。蜂群在授粉场地的摆放，不要把整个蜂场的蜂群放在一起，要考虑蜜蜂飞行半径、风向及相互传粉的因素，采用分组方式摆放。每组6～10群，这样蜂群与蜂群之间、授粉组与授粉组之间有互相传粉交叉区，能够达到非常好的异花授粉目的，授粉效果理想。

（4）适当脱粉。例如，在给延边苹果梨授粉时，苹果梨种植面积大，花粉丰富，在保证蜂群内花粉需求的前提下，可以适当地脱粉，不让蜂群内有过多的花粉，造成粉压子的现象。脱粉也能刺激蜜蜂采粉的积极性，进而提高授粉效果。

（5）防止蜜蜂中毒。授粉期间，注意授粉作物及周边蜜源植物的用药情况，避免蜂群遭受农药危害。

（6）掌握好授粉蜂群进场时间。例如，延边苹果梨开花对蜜蜂没有强的吸引力，早于或同时与苹果梨开花的植物，对蜜蜂具有强的吸引力，这时蜂群一定要等苹果梨开花后进场，并在中午前后打开蜂箱巢门，蜜蜂会急切出巢，短时间内不加分辨地采集，达到为苹果梨授粉的目的。

270. 熊蜂也是蜜蜂吗？

广义上说熊蜂也是蜜蜂。在分类上，熊蜂属于昆虫纲、膜翅目、蜜蜂总科、蜜蜂科、熊蜂属。蜜蜂总科中的蜂类都属于蜜蜂，熊蜂和人们熟知的意大利蜂、中华蜜蜂是近亲，意大利蜂、中华蜜蜂是蜜蜂属中的蜂类，同属于蜜蜂科。熊蜂和意大利蜂、中华蜜蜂等都是重要的传粉昆虫，只是熊蜂的知名度远不如意大利蜂、中华蜜蜂等。

全世界已知熊蜂250种，其中我国已知熊蜂110种，常见的包括小峰熊蜂、密林熊蜂、红光熊蜂、明亮熊蜂等种类，其易于人工饲养，适合为茄果类蔬菜、瓜类和果树类等设施作物授粉。

271. 熊蜂可以像蜜蜂那样饲养吗？

熊蜂的传粉功能强大，近些年在棚室作物种植方面应用较广，有代替人工授粉之趋势，其中蕴含的商机也被许多人发现。

熊蜂可以人工饲养，但是我们的养蜂户不能像养蜜蜂那样饲养熊蜂。

熊蜂是一种在自然界中以穴居为主生存的野生蜂种，它多数时候为1年1代，人工饲养需要的硬件设施及环境条件很难达到，投资大，回报率低。目前，国内只有吉林、山东等地少数企事业单位可以实现工厂化熊蜂饲养。

272. 熊蜂也会攻击人类吗？

熊蜂是一类多食性的社会性昆虫，群体内有蜂王、工蜂和雄蜂。蜂王的主要职能是产卵，工蜂的职能是采集食物、筑巢、饲喂幼虫等，雄蜂的职能是与新蜂王交配。

蜂王、工蜂具有毒腺和螫针，螫针上没有倒钩，可以连续蜇刺自己却不会伤亡。雄蜂没有螫针。

熊蜂性情温顺，攻击性较弱，一般不会主动攻击人或动物。但是，如果它的巢穴遭到侵扰，工蜂就会群起袭击人类等入侵者。

273. 熊蜂为棚室作物授粉具有哪些特点？

熊蜂作为传粉昆虫，主要为棚室果蔬作物授粉，其具有以下特点：

（1）可以周年繁育。熊蜂繁育可以在人工控制条件下完成，在任何季节都可以根据棚室果蔬授粉的需要，繁育熊蜂授粉群。

（2）有较长的吻。蜜蜂的吻长5～7毫米，而熊蜂的吻长9～17毫米，对于一些深冠管花朵的蔬菜，如番茄、辣椒、茄子等，熊蜂授粉效果更加显著。

（3）采集力强。熊蜂个体大、粗壮，寿命长，全身密被绒毛，访花率高，如为番茄授粉时，熊蜂平均每分钟访花约13朵，蜜蜂平均每分钟访花约9朵。

（4）不挑食。对蜜蜂吸引力不大的作物熊蜂却可以采集，对蜜粉源的利用比其他蜂更高效。

（5）耐低温和低光照。在蜜蜂不出巢的阴冷天气，熊蜂照常可以出巢采集授粉。

（6）趋光性差。在棚室内授粉时，熊蜂不会像蜜蜂那样向上飞冲撞塑料膜或玻璃，它们会安心地在花朵之间采集传授花粉。

（7）耐湿性强。对于湿度较大的棚室，熊蜂较能适应。

（8）信息交流系统不发达。熊蜂的进化程度低，对于新发现的蜜源不能像蜜蜂那样相互传递信息，只能专心地在棚室内采集传粉，不能像蜜蜂那样从通气孔飞到棚室外采集其他蜜源。

（9）声震大。一些植物的花只有被昆虫的“嗡嗡”声震动时才能释放花粉，这就使得熊蜂成为这些声震授粉作物如草莓、茄子、番茄等的理想授粉者。

图书在版编目（CIP）数据

蜂友问答 / 牛庆生，陈东海编著．—北京：中国农业出版社，2023.5

ISBN 978-7-109-30709-4

Ⅰ.①蜂… Ⅱ.①牛… ②陈… Ⅲ.①蜜蜂饲养-问题解答 Ⅳ.①S894.1-44

中国国家版本馆 CIP 数据核字（2023）第 089066 号

中国农业出版社出版

地址：北京市朝阳区麦子店街 18 号楼

邮编：100125

责任编辑：王森鹤

版式设计：王　晨　　责任校对：吴丽婷

印刷：中农印务有限公司

版次：2023 年 5 月第 1 版

印次：2023 年 5 月北京第 1 次印刷

发行：新华书店北京发行所

开本：880mm×1230mm　1/32

印张：5

字数：140 千字

定价：20.00 元
